BEI GRIN MACHT SICH IHR WISSEN BEZAHLT

- Wir veröffentlichen Ihre Hausarbeit, Bachelor- und Masterarbeit

- Ihr eigenes eBook und Buch - weltweit in allen wichtigen Shops

- Verdienen Sie an jedem Verkauf

Jetzt bei www.GRIN.com hochladen und kostenlos publizieren

Ernst Probst

Die Säbelzahnkatze Machairodus

Mit Zeichnungen von Shuhei Tamura

GRIN Verlag

Bibliografische Information der Deutschen Nationalbibliothek:

Die Deutsche Bibliothek verzeichnet diese Publikation in der Deutschen National-
bibliografie; detaillierte bibliografische Daten sind im Internet über http://dnb.d-
nb.de/ abrufbar.

Impressum:

Copyright © 2011 GRIN Verlag, Open Publishing GmbH
Druck und Bindung: Books on Demand GmbH, Norderstedt Germany
ISBN: 978-3-640-87726-3

Dieses Buch bei GRIN:

http://www.grin.com/de/e-book/169359/die-saebelzahnkatze-machairodus

Säbelzahnkatze Machairodus.
Zeichnung von Shuhei Tamura

Ernst Probst

Die Säbelzahnkatze
Machairodus

INHALT

Widmung / Seite 5

Dank / Seite 9

Vorwort / Seite 13

Kein Name ist ideal:
Säbelzahntiger,
Säbelzahnkatze,
Dolchzahnkatze
Seite 15

Machairodus:
Die Säbelzahnkatze
am Ur-Rhein
Seite 29

Funde von Säbelzahnkatzen
und Dolchzahnkatzen
aus aller Welt
Seite 57

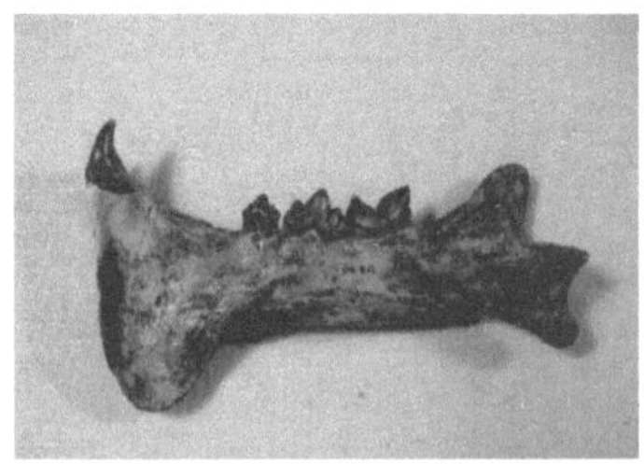

Säbelzahnkatzen
und Dolchzahnkatzen
in Museen
Seite 83

Der Autor Seite 89
Literatur Seite 91
Bildquellen Seite 101

Dank

Für Auskünfte, mancherlei Anregung, Diskussion
und andere Arten der Hilfe danke ich:

René Bleauanus, Gorinchem, Niederlande

Javier Cácaeres, Madrid

Thomas Engel,
geologischer Präparator,
Naturhistorisches Museum Mainz /
Landessammlung für Naturkunde Rheinland-Pfalz
Förderverein Dinotherium-Museum e. V. Eppelsheim

Dr. Jens Lorenz Franzen,
ehemaliger Leiter der Abt. Paläoanthropolologie
und Quartärpaläontologie
am Forschungsinstitut Senckenberg in Frankfurt am Main,
ab 1. 9. 2000 im Ruhestand
und seitdem ehrenamtlicher Mitarbeiter,
Titisee-Neustadt

Dr. Martin Lödl,
Leiter der 1. Zoologischen Abteilung,
Naturhistorisches Museum Wien

Professor Dr. Jorge Morales,
Departamento de Palaeobiología,
Museo Nacional de Ciencias Naturales-CSIC,
Madrid

Heiner Roos, Altbürgermeister, 1. Vorsitzender des
Fördervereins Dinotherium-Museum e.V. Eppelsheim

Dr. Oliver Sandrock,
Hessisches Landesmuseum Darmstadt

Dr. Marina Sotnikova,
Geological Institute (GIN),
Russian Academy of Sciences, Moskau

Shuhei Tamura, Kanagawa, Japan

Frank Wouters, Antwerpen, Belgien

Kees van Hooijdonk, Rucphen, Niederlande

*Modell der Säbelzahnkatze Homotherium latidens
aus dem Eiszeitalter, angefertigt von dem niederländischen
Bildhauer Remy Bakker aus Rotterdam*

Kopf der Säbelzahnkatze Machairodus aphanistus.
Zeichnung von Pavel Major

Die Säbelzahnkatze *Machairodus*

So groß wie ein heutiger Löwe oder sogar wie ein jetziger Tiger waren manche Arten der Säbelzahnkatzen-Gattung *Machairodus* – zu deutsch „Schlachtmesserzahn", die 1833 von dem Darmstädter Zoologen und Paläontologen Johann Jakob Kaup (1803–1873) erstmals wissenschaftlich beschrieben wurde. Der auch in Deutschland durch Funde nachgewiesene *Machairodus aphanistus* beispielsweise erreichte eine Schulterhöhe von 1,10 Meter und eine Kopfrumpflänge (ohne Schwanz) von zwei Metern. Noch stattlicher wirkte *Machairodus giganteus* mit einer Schulterhöhe von ca. 1,20 Meter und einer Kopfrumpflänge von schätzungsweise bis zu 2,40 Metern. Zum Vergleich: Ein heutiger Sibirischer Tiger bringt es auf eine Schulterhöhe von rund einem Meter und eine Kopfrumpflänge von mehr als zwei Metern. Verschiedene Arten der Säbelzahnkatze *Machairodus* lebten vom Mittelmiozän vor ca. 15 Millionen Jahren bis zum Ende des Pliozäns vor etwa 2,6 Millionen Jahren in Europa, Asien, Afrika und Nordamerika. Diese Raubkatze mit krummsäbeligen Eckzähnen steht im Mittelpunkt des Taschenbuches „Die Säbelzahnkatze *Machairodus*" des Wiesbadener Wissenschaftsautors Ernst Probst, der mehrere Werke über prähistorische Raubkatzen veröffentlicht hat. Das Taschenbuch „Säbelzahnkatzen" ist Shuhei Tamura aus Kanagawa in Japan gewidmet, der den Autor bei mehreren Buchprojekten unterstützt hat.

*Rekonstruktion der Säbelzahnkatze Machairodus
aus dem Miozän von 1902*

*Rekonstruktion der Dolchzahnkatze Smilodon
von Charles Robert Knight (1874–1953) von 1905*

Kein Name ist ideal:
Säbelzahntiger, Säbelzahnkatze,
Dolchzahnkatze

Gleich vorweg: Die Namen Säbelzahntiger, Säbelzahnkatze und Dolchzahnkatze sind allesamt mehr oder minder problematisch. Der vor allem gerne von Laien, aber auch von manchen Wissenschaftlern verwendete Ausdruck Säbelzahntiger weckt vielleicht die falsche Vorstellung, dieses Tier sei eng mit dem heutigen Tiger verwandt und immer so groß wie dieser. Auch der etwas modernere Begriff Säbelzahnkatze ist unzutreffend, weil die Eckzähne (Fangzähne) bei den verschiedenen Formen dieser Raubtiere nicht haargenau wie ein Säbel aussehen. Zudem klingt der Wortteil „katze" bei einem bis zu tigergroßen Tier zumindest für Laien etwas merkwürdig.

Nicht nur auf Gegenliebe stößt die Aufsplitterung in Säbelzahnkatzen (englisch: saber-toothed cats, scimitar-toothed cats oder scimitar cats) und Dolchzahnkatzen (englisch: dirk-toothed cats). Säbelzahnkatzen heißen – dieser Einteilung zufolge – nur schlanke Gattungen wie *Machairodus* und *Homotherium* mit verhältnismäßig langen Beinen sowie kürzeren, breiteren, stark gebogenen, krummsäbelartigen Eckzähnen. Dolchzahnkatzen wie die Gattungen *Megantereon* und *Smilodon* dagegen waren eher robust gebaut, besaßen kurze und kräftige Beine, einen gestreckten Körper und trugen längere und schmalere Eckzähne. Verwirrend ist aber, dass die 1999 beschriebene neue Gattung *Xenosmilus* sowohl Merkmale von Säbelzahnkatzen als auch von Dolchzahnkatzen in sich vereint. Überdies können viele Laien mit dem Begriff Dolchzahnkatzen wenig anfangen, weil ihnen seit lan-

Amerikanischer Zoologe
Theodore Gill (1837–1914)

Dinofelis auf einer
Zeichnung des
japanischen Künstlers
Shuhei Tamura
aus Kanagawa

ger Zeit nur die Namen Säbelzahntiger oder Säbelzahnkatze vertraut sind.

In der wissenschaftlichen Systematik gehören die Säbelzahnkatzen und Dolchzahnkatzen zu den Höheren Säugetieren (Eutheria), Raubtieren (Carnivora), Katzenartigen (Feloidea), Katzen (Felidae) und Säbelzahnkatzen (Machairodontinae). Der amerikanische Zoologe Theodore Gill (1837–1914) hat die Unterfamilie der Machairodontinae 1872 erstmals beschrieben.

Echte Säbelzahnkatzen existierten vom Mittelmiozän vor etwa 15 Millionen Jahren bis zum Ende des Eiszeitalters (Pleistozän) vor etwa 11.700 Jahren. Wenn in der Literatur noch ältere Säbelzahnkatzen erwähnt werden, handelt es sich dabei um Formen, die man heute als falsche Säbelzahnkatzen oder Scheinsäbelzahnkatzen bezeichnet.

Zähne und Knochen von Säbelzahnkatzen und Dolchzahnkatzen hat man in Nordamerika, Südamerika, Asien, Europa und Afrika entdeckt. Auch in Deutschland wurden Reste von Säbelzahnkatzen und Dolchzahnkatzen geborgen. Nur aus Australien liegen keine Funde vor.

Die Säbelzahnkatzen und Dolchzahnkatzen werden in der Literatur oft in drei Stämme (Tribus) aufgeteilt: Metailurini, Homotheriini und Smilodontini.

Zu den Metailurini gehören folgende Gattungen:
Metailurus: Miozän in Europa und Asien
Adelphailurus: Miozän in Nordamerika
Dinofelis: Pliozän und Pleistozän in Afrika, Europa (Frankreich), Asien und Nordamerika
Ein Teil der Wissenschaftler rechnet die Metailurini heute nicht mehr zu den Säbelzahnkatzen (Machairodontinae), sondern zu den Kleinkatzen (Felinae).

Zu den Homotheriini (saber-toothed cats, scimitar-cats) gehören folgende Gattungen:

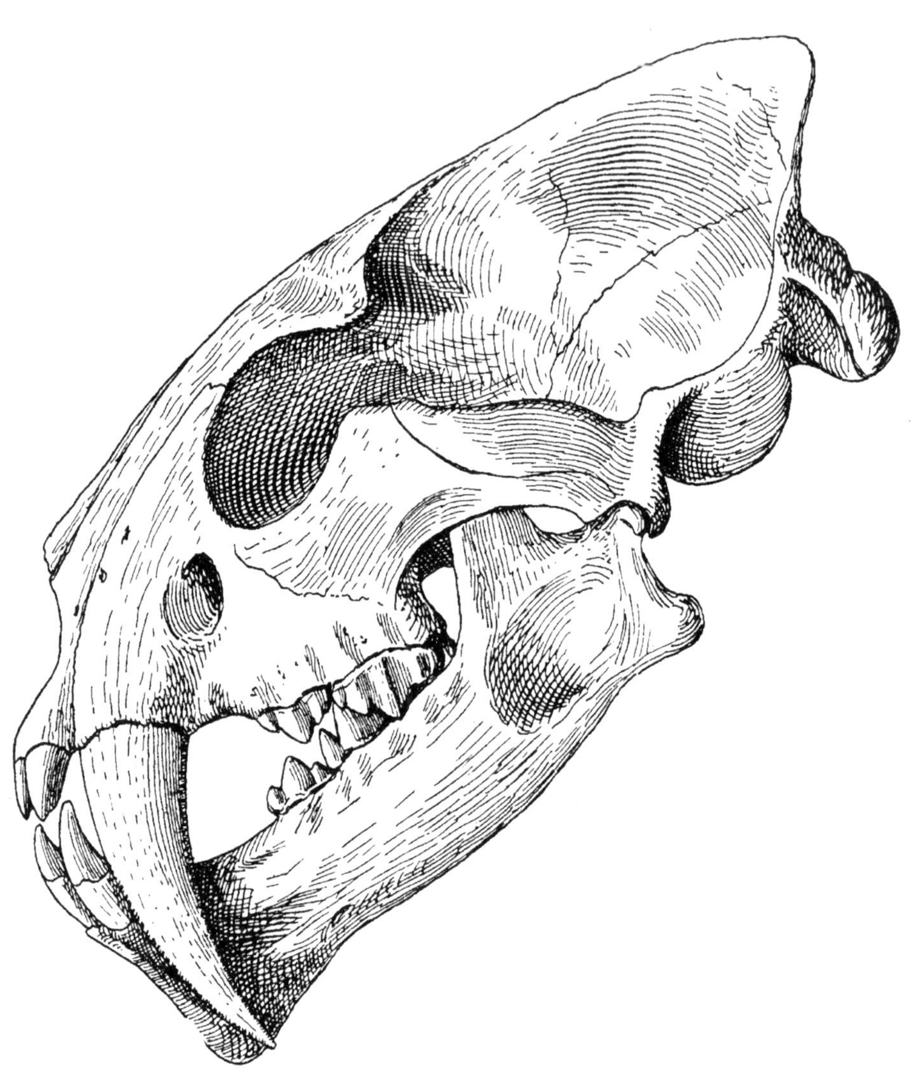

Schädel der Säbelzahnkatze
Machairodus cultridens
aus dem Obermiozän.
Diese Art gilt heute als Synonym
von Machairodus aphanistus.

Machairodus: Miozän und Pliozän in Europa, Asien, Afrika und Nordamerika
Xenosmilus: unterstes Pleistozän in Nordamerika
Homotherium: frühes Pliozän bis spätestes Pleistozän in Europa, Asien, Afrika, Nordamerika und neuerdings auch Südamerika

Zu den Smilodontini (dirk-toothed cats) zählen folgende Gattungen:
Paramachairodus: mittleres bis oberes Miozän in Europa und Asien
Megantereon: Pliozän bis Mittelpleistozän in Europa, Asien, Afrika, Nordamerika
Smilodon: oberes Pliozän bis oberstes Pleistozän in Nord- und Südamerika

In Kino- oder Fernsehfilmen werden Säbelzahnkatzen bzw. Dolchzahnkatzen oft als sehr große und furchterregende Raubtiere dargestellt. Tatsächlich besaßen nur wenige Arten ungefähr die Größe eines heutigen Löwen (*Panthera leo*) mit einer Höhe von einem Meter und einer Gesamtlänge bis zu 2,80 Metern oder vielleicht sogar eines Sibirischen Tigers *(Panthera tigris altaica)* mit einer Höhe bis zu einem Meter und einer Gesamtlänge bis zu drei Metern.
Imposante Maße hatten die Säbelzahnkatzen *Machairodus giganteus* (ca. 2,50 Meter Gesamtlänge, 1,20 Meter Schulterhöhe) und *Homotherium crenatidens* (mehr als zwei Meter Gesamtlänge, 1,10 Meter Schulterhöhe) sowie die Dolchzahnkatze *Smilodon populator* (etwa 2,40 Meter Gesamtlänge, 1,20 Meter Schulterhöhe), die in älterer Literatur oft als größte Art der Säbelzahntiger bezeichnet wird. Viele andere Arten waren kleiner als ein Leopard (*Panthera pardus*), der mit Schwanz bis zu 2,30 Meter lang ist, oder ein Ozelot (*Leopardus pardalis*), der insgesamt bis zu 1,45 Meter lang wird.

Dolchzahnkatze Megantereon.
Zeichnung von Shuhei Tamura

Säbelzahnkatzen und Dolchzahnkatzen konnten ihren Unterkiefer bis um 120 Grad nach unten aufreißen. Das versetzte sie in die Lage, ihre langen Eckzähne voll einzusetzen. Gegenwärtige Katzen können ihre Kiefer nur um 65 bis 70 Grad öffnen.

Ober- und Unterkiefer der Säbelzahnkatzen und Dolchzahnkatzen waren durch ein Scharniergelenk verbunden. Ihr Gebiss hatte je nach Gattung oder Variation innerhalb derselben unterschiedlich viele Zähne. Bei *Machairodus* waren es 30 Zähne, bei *Homotherium* und *Megantereon* jeweils 28 Zähne und bei *Smilodon* 26 bis 28 Zähne. Davon abweichende Zahlenangaben beruhen darauf, dass der sehr kleine (rudimentäre) Backenzahn in beiden Oberkieferästen oft nicht in der Zahnformel erwähnt wird.

Lücken (Diastema) ermöglichten es, dass die Eckzähne beim Schließen des Maules aneinander vorbei gleiten konnten. Die Eckzähne dienten zum Packen, Festhalten und Töten der Beute, die Reißzähne zum Abbeißen von Fleischstücken, die unzerkaut geschluckt wurden. Die Reißzähne besaßen zackige Spitzen, die beim Beißen scherenartig aneinander vorbei glitten.

Über die Lebensweise der Säbelzahnkatzen und Dolchzahnkatzen gab und gibt es immer noch viele Diskussionen. Heute überwiegt die Ansicht, sie seien aktive Räuber gewesen. Gelegentlich heißt es aber auch, sie könnten sich als reine Aasfresser ernährt haben. Der niederländische Experte Kees van Hooijdonk aus Rucphen vermutet, Säbelzahnkatzen und Dolchzahnkatzen könnten versucht haben, anderen Raubkatzen die Beute abzunehmen, wenn sich Gelegenheit dafür bot. In Zeiten der Knappheit hätten sie vielleicht auch Aas gefressen. Wegen des teilweise recht großen Körpers mancher Arten nimmt man an, diese hätten recht stattliche Beutetiere zur Strecke bringen können.

Umstritten ist, ob Säbelzahnkatzen und Dolchzahnkatzen auch riesige erwachsene Rüsseltiere oder zumindest deren Jung-

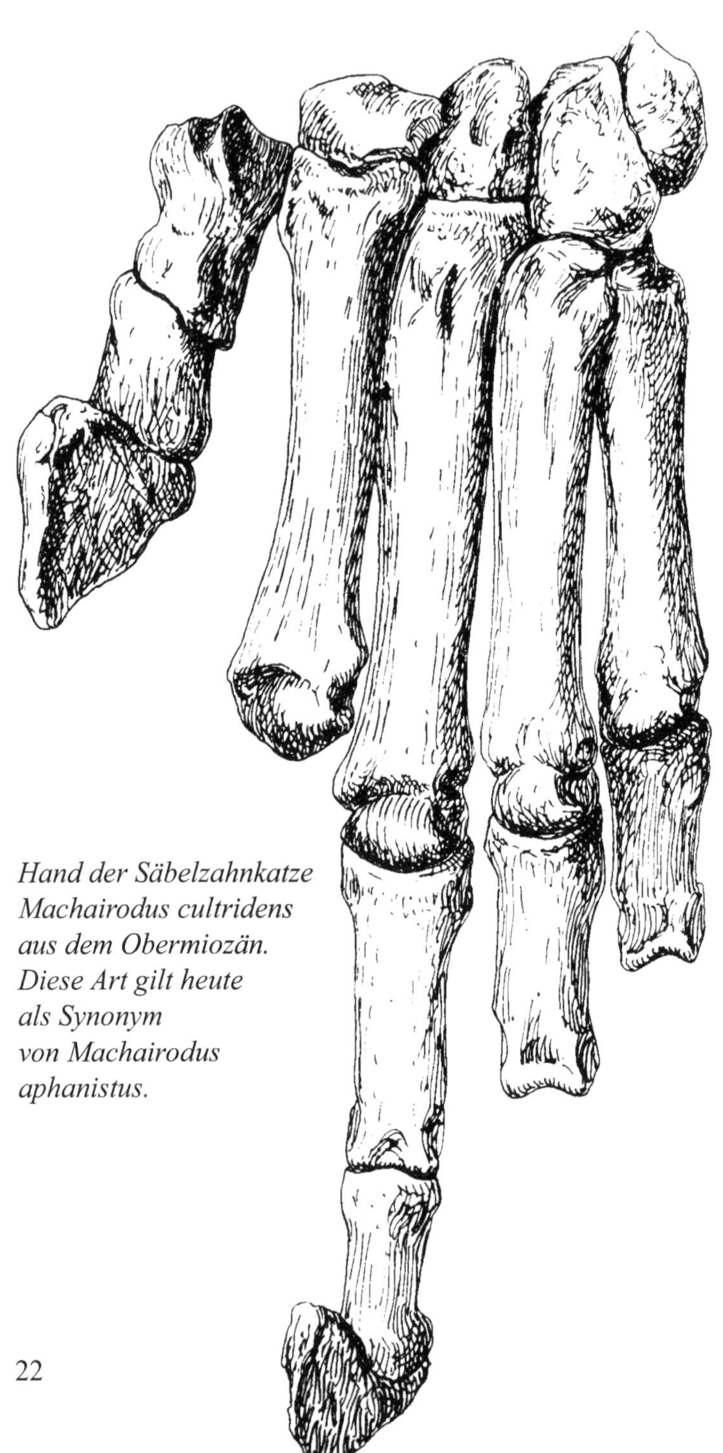

*Hand der Säbelzahnkatze
Machairodus cultridens
aus dem Obermiozän.
Diese Art gilt heute
als Synonym
von Machairodus
aphanistus.*

tiere angegriffen haben. Anhaltspunkte hierfür lieferten zahlreiche Mammutskelette, die neben einigen Skeletten der Säbelzahnkatze *Homotherium serum* in der Friesenhahn-Höhle (Bexar County) bei San Antonio in Texas entdeckt wurden.

Nicht völlig geklärt ist die Funktion der charakteristischen Eckzähne der Säbelzahnkatzen und Dolchzahnkatzen, die kontinuierlich nachwuchsen. Einerseits heißt es, damit hätten diese Raubkatzen sehr großen Beutetieren tiefe Stich- und Reißwunden zufügen können, an denen die Beutetiere verblutet seien. Andererseits verweisen skeptische Experten darauf, dass die relativ weichen Eckzähne bei solch einer starken Belastung leicht brechen hätten können.

Ein Teil der Fachleute hält es für möglich, dass Säbelzahnkatzen und Dolchzahnkatzen mit ihren Eckzähnen bereits am Boden liegenden, wehrlosen Beutetieren gleichzeitig Halsschlagader und Luftröhre durchtrennten. Dabei hätten sie mit ihren kräftig ausgebildeten Vordergliedmaßen Beutetiere gegen den Boden gedrückt, um einen präzisen Todesbiss anzubringen.

Nach einer anderen Theorie dienten die eindrucksvollen Eckzähne der Säbelzahnkatzen und Dolchzahnkatzen lediglich dazu, ihren eigenen Artgenossen zu imponieren. Weil die Eckzähne bei verschiedenen Arten sehr unterschiedlich gestaltet sind, ist es auch möglich, dass sie auf unterschiedliche Art und Weise benutzt worden sind.

Laut einer weiteren Theorie könnten sich Säbelzahnkatzen und Dolchzahnkatzen von Blut, Eingeweiden und weichen, leicht abzufressenden Körperteilen ernährt haben, welche die langen Eckzähne nicht gefährdeten. Den Rest der Beute ließen sie vermutlich liegen, was oft Aasfresser anlockte. Vermutlich besaßen Säbelzahnkatzen und Dolchzahnkatzen wie heutige Katzen verhornte Papillen auf der Zunge, um ohne Gefahr für die Zähne von Knochen das Fleisch ablösen zu können.

Nach den bisherigen Funden zu schließen, stammen die ältesten Fossilien von Säbelzahnkatzen und Dolchzahnkatzen aus dem Mittelmiozän vor etwa 15 Millionen Jahren. Aus dem Obermiozän vor etwa zehn Millionen Jahren kennt man Reste der Säbelzahnkatze *Machairodus aphanistus* und der Dolchzahnkatze *Paramachairodus ogygius* aus Ablagerungen des Ur-Rheins bei Eppelsheim in Rheinhessen, vom ehemaligen Vulkan Höwenegg bei Immendingen/Donau (Kreis Tuttlingen) und aus Melchingen, heute ein Stadtteil von Burladingen (Zollernalbkreis). Etwas jünger sind die auf etwa 8,5 Millionen Jahre datierte Säbelzahnkatze *Machairodus* cf. *aphanistus* sowie die Dolchzahnkatzen *Paramachairodus orientalis* und *Paramachairodus ogygius*) aus Dorn-Dürkheim in Rheinhessen. Die Abkürzung „cf." (lateinisch: confer = vergleiche) wird benutzt, wenn eine Bestimmung unsicher ist. Sie steht vor dem unsicheren Bestandteil des Namens, im erwähnten Fall vor der Art *aphanistus*.

Machairodus war vielleicht der Ahne der Gattung *Homotherium*, die sich im frühen Pliozän entwickelte. *Homotherium* existierte etwa vor 5 Millionen bis 11.700 Jahren. Diese Gattung ist auch von mehreren eiszeitlichen Fundorten aus Deutschland bekannt.

Ein Zeitgenosse von *Homotherium* war die Dolchzahnkatze *Megantereon*, die vom frühen Pliozän vor etwa 4,5 Millionen Jahren bis zum mittleren Eiszeitalter vor etwa 500.000 Jahren verbreitet war. *Homotherium* und *Megantereon* kamen in der Gegend von Chilhac und Senèze (beide in Frankreich) sowie in Untermaßfeld bei Meiningen (Deutschland) zusammen vor. *Megantereon* ähnelte sehr seinem Nachfahren *Smilodon*.

Die Dolchzahnkatze *Smilodon* lebte vom Oberpliozän vor mehr als 2,5 Millionen Jahren bis zum späten Pleistozän und starb erst vor etwa 11.700 Jahren zu Beginn des Holozän (Heutzeit) aus. Von *Smilodon* wurden nur in Nord- und Südamerika fossile Reste gefunden. Besonders viele Fossilien

24

von *Smilodon* sind vom Fundort Rancho La Brea im Stadtgebiet von Los Angeles in Kalifornien bekannt.

Als so genannte Scheinsäbelzahnkatzen gelten einige Arten der Nimravidae und der Barbourofelidae. Verlängerte obere Eckzähne wie bei den Säbelzahnkatzen und Dolchzahnkatzen gab es außerhalb der Raubtiere auch bei zwei anderen Ordnungen der Säugetiere. Nämlich bei den Creodonten wie *Machaeroides* und den zu den Beuteltieren gehörenden Thylacosmiliden wie *Thylacosmilus*.

Machaeroides wurde 1901 von dem aus Kanada stammenden Paläontologen William Diller Matthew (1871– 1930) beschrieben. Bei der wissenschaftlichen Untersuchung hatten ihm zwei Unterkiefer und ein Zahn aus Wyoming (USA) aus dem Eozän (etwa 53 bis 34 Millionen Jahre) vorgelegen. Der Artname *Machaeroides simpsoni* erinnert an den amerikanischen Paläontologen George Gaylord Simpson (1902–1984). *Machaeroides* hatte eine Schulterhöhe von ca. 30 Zentimetern, eine Kopfrumpflänge von etwa 60 Zentimetern und – zusammen mit dem ungefähr 30 Zentimeter langen Schwanz – eine Gesamtlänge von rund 90 Zentimetern.

Die erste Beschreibung von *Thylacosmilus atrox* erfolgte 1934 durch den amerikanischen Paläontologen Elmer Riggs (1869–1963). Sie erfolgte auf der Basis von zwei Teilskeletten aus dem Pliozän von Argentinien. Diese Funde gelten als die am komplettesten erhaltenen Fossilien jener Art. *Thylacosmilus atrox* hatte etwa die Größe eines südamerikanischen Jaguars. Er erreichte eine Schulterhöhe von ca. 60 Zentimetern, eine eine Kopfrumpflänge von etwa 1,20 Meter, wozu noch ein schätzungsweise 45 Zentimeter langer Schwanz kam.

Unter Kryptozoologen, die weltweit nach verborgenen Tierarten suchen, kursieren Berichte über angebliche Sichtungen von Großkatzen aus Südamerika und Afrika, bei denen es sich um Säbelzahnkatzen handeln soll. Der verhältnismäßig junge Forschungszweig der Kryptozoologie wurde um 1950 von dem belgischen Zoologen und Publizisten Bernard

Heuvelmans (1916–2001) gegründet und bewegt sich zwischen seriöser Wissenschaft und purer Phantasie.

Eingeborene in der Zentralafrikanischen Republik und aus dem Tschad berichteten über mysteriöse „Tiger der Berge" in ihrer Heimat. Spekulationen zufolge könnte es sich um überlebende Tiere der Gattungen *Machairodus* oder *Meganteron* handeln, die aus Afrika durch Fossilien belegt sind. Als an ein Leben im Wasser angepasste Säbelzahnkatzen werden so genannte „Wasserlöwen" oder „Panther des Wassers" gedeutet, die in der Zentralafrikanischen Republik existieren sollen.

Johann Jakob Kaup (1803–1873),
Zoologe und Paläontologe aus Darmstadt,
beschrieb 1833 erstmals
die Säbelzahn-Gattung Machairodus.
Mit ihm hat die Erforschung
der Säugetierfauna
aus den Dinotheriensanden bei Eppelsheim
einst angefangen.

Im Hessischen Landesmuseum Darmstadt werden viele Funde aus Ablagerungen des Ur-Rheins in Rheinhessen aufbewahrt. Darunter befindet sich auch das Fragment eines linken Unterkieferastes mit Zähnen der Säbelzahnkatze Machairodus aphanistus (Inventarnummer HLMD-Din 1132) aus der Gegend von Eppelsheim. Maßstrich rechts unten: 2 Zentimeter.

Machairodus:
Die Säbelzahnkatze
am Ur-Rhein

In Europa, Asien, Afrika und Nordamerika lebten vom Mittelmiozän vor ca. 15 Millionen Jahren bis zum Ende des Pliozäns vor etwa 2,6 Millionen Jahren verschiedene Arten der Säbelzahnkatze *Machairodus*. Sie hat also rund zwölf Millionen Jahre und somit länger existiert als alle anderen Gattungen der echten Säbelzahnkatzen. Die geologisch jüngsten Funde von *Machairodus* kamen in Nordafrika (Tunesien) zum Vorschein.

Die Gattung *Machairodus* wurde 1833 von dem Zoologen und Paläontologen Johann Jakob Kaup (1803–1873), der am großherzoglichen Naturalienkabinett in Darmstadt arbeitete, wissenschaftlich untersucht und erstmals beschrieben. Ihm hatte dabei ein oberer Eckzahn (Fangzahn bzw. Caninus) aus Eppelsheim bei Alzey in Rheinhessen vorgelegen.

Der Gattungsname *Machairodus* beruht auf dem griechischen Wort „máchaira" für ein schwertähnliches, im klassischen Griechenland als Schlachtmesser eingesetztes Gerät und dem Begriff „odon" (Nebenform von „odoús") für Zahn. Damit heißt *Machairodus* zu deutsch etwa so viel wie „Schlachtmesserzahn".

Für die Gattung *Machairodus* sind krummsäbelige Eckzähne mit fein gezähnelten Kanten charakteristisch. Diese Kanten nutzten sich bereits innerhalb weniger Jahre ab. Die Eckzähne von *Machairodus* im Oberkiefer waren merklich länger als diejenigen im Unterkiefer. Im Gegensatz zur später auftretenden Dolchzahnkatze *Smilodon* trug *Machairodus* kürzere Eckzähne, die aber länger waren als bei heutigen

Paläontologe Jorge Morales aus Madrid mit Schädel der Säbelzahnkatze Machairodus aphanistus aus Batallones 1

Dolchzahnkatze Paramachairodus. Zeichnung von Shuhei Tamura

30

Raubkatzen. *Machairodus* wird – wie erwähnt – zu den Säbelzahnkatzen („scimitar cats" oder „saber-toothed cats") gerechnet.

Kaup hat 1832 die Säbelzahnkatzen *Machairodus aphanistus* und *Machairodus cultridens* sowie die Dolchzahnkatze *Paramachairodus ogygius* nach Funden aus etwa zehn Millionen Jahre alten Ablagerungen des Ur-Rheins bei Eppelsheim (Kreis Alzey-Worms) in Rheinhessen beschrieben. Die dort durch Fossilien überlieferte Tierwelt gehört in das Vallesium (etwa 11,1 bis 8,7 Millionen Jahre), einen Zeitabschnitt des Obermiozäns, der nach einer typischen Säugetierfauna im Valles Penedés bei Barcelona in Katalonien (Spanien) bezeichnet ist. Die Stufe Vallesium wurde 1950 von dem spanischen Paläontologen Miguel Crusafont-Pairó (1910–1983) vorgeschlagen.

Das Vallesium umfasst in der Unterteilung des Neogen (etwa 23 bis 2,6 Millionen Jahre) mittels Säugetierresten in 17 Zonen durch Pierre Mein von 1975 die Zonen MN 9 und MN 10. Der Fundort Eppelsheim zählt zur Zone MN 9 (MN = Mammals Neogen). MN 9 ist durch das Erstauftreten („First appearance date" = FAD) des Kleinsäugetieres *Cricetulodon* (Mäuseartiger) sowie der Großsäugetiere *Hippotherium* (Ur-Pferd), *Decennatherium* (Giraffe) und *Machairodus* (Säbelzahnkatze) definiert.

Die Fossilien von *Machairodus aphanistus* und *Paramachairodus ogygius* aus der Gegend von Eppelsheim werden heute noch im Hessischen Landesmuseum Darmstadt aufbewahrt. Von *Machairodus aphanistus* liegen in Darmstadt das Fragment eines linken Unterkieferastes mit Zähnen (Inventarnummer HLMD-Din 1132) und der Rest eines Eckzahns (HLMD-Din 1140) vor, von dem rund 8,5 Zentimeter erhalten geblieben sind. Bei den Fossilien von *Paramachairodus ogygius* handelt es sich um das Fragment eines rechten Unterkieferastes mit Eckzahn und zwei Vorderbackenzähnen (HLMD-Din 1141) sowie um das Fragment eines linken

Unterkieferastes mit zwei Vorderbackenzähnen (HLMD-Din 1167).

Machairodus aphanistus wurde in Deutschland außer in Eppelsheim in Rheinhessen auch am ehemaligen Vulkan Höwenegg bei Immendingen/Donau (Kreis Tuttlingen) im Hegau und in Melchingen, heute ein Stadtteil von Burladingen (Zollernalbkreis), entdeckt. Diese Funde gehören alle in das Obermiozän.

Weitere Funde der Säbelzahnkatze *Machairodus aphanistus* kennt man aus Spanien (Cerro Batallones, Fuentidueña, Can Ponsich, Santiga, Can Llobateres), Frankreich (Soblay, Montredon), der Schweiz (Charmoille), Griechenland (Pikermi, Saloniki), der Türkei (Denizi, Cal, Kemiklitepe, Mahmutgazi) und China.

Nach Europa ist die Säbelzahnkatze *Machairodus aphanistus* im frühen Vallesium vor mehr als elf Millionen Jahren gelangt. Sie kam mit einer Einwanderungswelle aus dem Osten stammender Säugetiere hierher. Diese Einwanderungswelle wird als so genanntes „Hipparion datum" bezeichnet. *Hipparion* hieß früher ein dreihufiges Ur-Pferd, das heute als *Hippotherium* bezeichnet wird.

Am Fundort Batallones 1 bei Torrejón de Velasco, etwa 25 Kilometer südlich der spanischen Hauptstadt entfernt, kamen bei Grabungen unter Leitung des Paläontologen Jorge Morales aus Madrid ungewöhnlich viele und besonders gut erhaltene Reste von Säbelzahnkatzen und Dolchzahnkatzen zum Vorschein. Sie stammen aus dem Obermiozän vor etwa neun Millionen Jahren und gehören somit ebenso wie diejenigen von Eppelsheim in Rheinhessen ins Vallesium und in die Zone MN 9.

In der Gegend von Cerra Batallones gab es Hohlräume, die sich für viele Säugetiere als tödliche Fallen erwiesen. Wenn ein Tier in einen solchen Hohlraum geriet, kam es oft nicht mehr heraus, weil der Rand glitschig wie heutige Schmierseife war. Dort gefangene potenzielle Beutetiere lockten naturgemäß auch Säbelzahnkatzen und Dolchzahnkatzen an, die ebenfalls nicht mehr herausklettern konnten.

Kurioserweise werden in Cerro Batallones die fossilhaltigen Schichten, in denen sich auch Reste prähistorischer Säbelzahnkatzen und Dolchzahnkatzen befinden, abgebaut, um Material für Katzenstreu zu gewinnen. Bisher wurde von den dort bekannten sechs Fundstellen lediglich eine, nämlich Batallones 1, systematisch untersucht. Zum Fundgut gehören die Säbelzahnkatze *Machairodus aphanistus* und die Dolchzahnkatze *Paramachairodus ogygius*.

Batallones 1 gilt als eine der fossilreichsten Fundstellen aus dem Obermiozän in Europa. Dort hat man Reste von Fischen, Amphibien, Reptilien, Vögeln und Säugetieren geborgen. Ungewöhnlich hoch ist der Anteil von Raubtierknochen, der sage und schreibe 98 Prozent erreicht. Normal sind durchschnittlich elf Prozent Raubtierreste.

Von den zahlreichen Raubtierfossilien in Batallones 1 entfallen rund 29 Prozent auf die erwähnte Säbelzahnkatzen- und Dolchkatzen-Art. Die Reste von *Machairodus aphanistus* stammen von zwölf erwachsenen und zwei jungen Tieren. Bei *Paramachairodus ogygius* sind es 17 erwachsene Tiere und ein Jungtier. Bisher wurden in Batallones 1 also ingesamt 32 Säbelzahnkatzen und Dolchzahnkatzen nachgewiesen. Zur Tierwelt von Batallones 1 zählten auch Bärenhunde *(Amphicyon)*, schakalähnliche Hyänen *(Protictitherium)*, Katzenbären *(Simocyon)*, Rüsseltiere *(Tetralophodon)*, dreihufige Ur-Pferde *(Hippotherium)*, hornlose Nashörner *(Aceratherium)* und Wildschweine *(Microstonyx)*.

Ein Schädel mit Unterkiefer aus der oberen Schicht des westtürkischen Fundortes Kemiklitepe gehört zu den vollständigsten Exemplaren der Säbelzahnkatze *Machairodus*. Dieses Fossil ist merklich höher entwickelt als die Funde aus der unteren Schicht. Aus der unteren Schicht kamen Fragmente eines Schädels und eines Unterkiefers von *Machairodus* zum Vorschein.

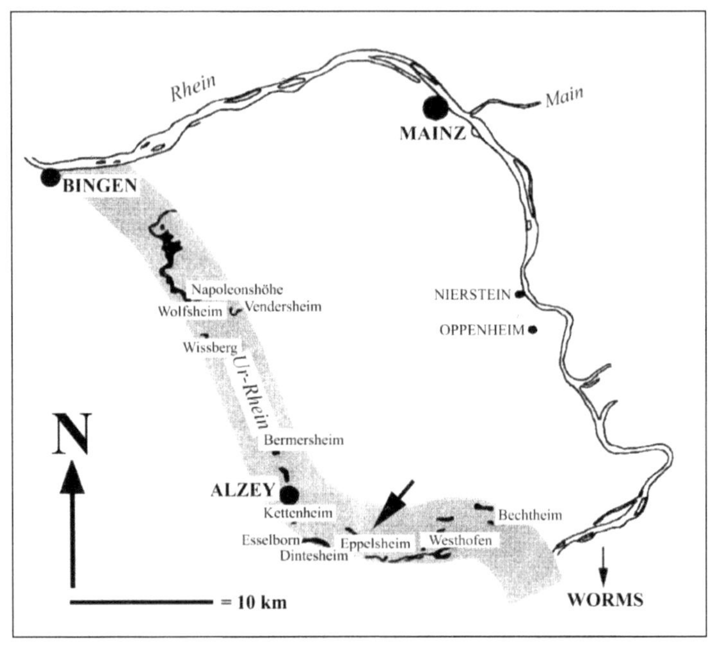

Dinotheriensand-Fundorte
und Rekonstruktion des Verlaufes
des Ur-Rheins in Rheinhessen
im Obermiozän
vor etwa zehn Millionen Jahren.
Zeichnung von Christine Hemm-Herkner
nach einer Vorlage
des Paläontologen Jens Lorenz Franzen
(zum Teil nach Heinz Tobien 1980
und Joachim Bartz 1936)

34

Bei den Funden von *Machairodus aphanistus* aus Charmoille bei Porrentruy (Pruntrut) im schweizerischen Kanton Jura handelt es sich um einen rechten Unterkieferast mit einem Backenzahn und einem Vorderbackenzahn sowie um das Fragment eines oberen Eckzahns. Diese beiden Fossilien stammen aus den obermiozänen Hipparionsanden, die nach dem Ur-Pferd *Hippotherum* (früher *Hipparion*) benannt sind. Man bezeichnet diese Ablagerungen wegen ihrer nördlichen Herkunft auch als Vogesenschotter und Vogesensande. Der Fundort Charmoille wird in die Zone MN 9 datiert.

Das Straßendorf Charmoille gehört inzwischen zur Gemeinde La Baroche. In Charmoille wurden in der heute verlassenen Grube von Vielle Tuilerie, etwa 470 Meter nördlich der Kirche des Dorfes, mehr als drei Jahrzehnte lang Vogesensande abgebaut, wobei immer wieder Reste fossiler Säugetiere ans Tageslicht kamen. Durch Schenkungen und Kauf gelangten die Fossilien zum größten Teil in das Naturhistorische Museum Basel.

Zur obermiozänen Tierwelt von Charmoille zählten Biber *(Monosaulax minutus)*, Säbelzahnkatzen (*Machairodus aphanistus*), Bärenhunde *(Agnotherium* cf. *antiquum)*, Waldantilopen *(Miotragocerus pannoniae)*, kleinwüchsige Hirsche (*Dorcatherium naui, Euprox dicranocerus*), Schweine *(Hyotherium paleochoerus, Conohyus simorrensis)*, krallentragende Huftiere *(Chalicotherium goldfussi)*, Ur-Pferde *(Hippotherium primigenium)*, Nashörner *(Aceratherium* cf. *incisivum, Dihoplus* cf. *schleiermacheri)*, Tapire *(Tapirus priscus)*, Rüsseltiere *(Deinotherium giganteum, Tetralophodon longirostris)*. Diese Fauna entspricht derjenigen von Eppelsheim und vom Höwenegg in Deutschland.

Die Säbelzahnkatze *Machairodus aphanistus* ist auch durch einen Fund aus Zillingdorf (Bezirk Wiener Neustadt-Land) in Niederösterreich belegt. In der Literatur findet man teilweise auch die falsche Schreibweise Zillingsdorf. Bei dem Fossil von dort handelt es sich um einen linken zweiten Ba-

Luftbild des Dorfes Eppelsheim in Rheinhessen (oben) und Luftbild der Grabungsstelle im Gewann „Auf dem Alzeyer Weg" bei Eppelsheim (unten)

*Bei einem Ballonflug aufgenommenes Luftbild der
Grabungsstelle im Gewann „Auf dem Alzeyer Weg" bei
Eppelsheim (oben) und Grabung im Sommer 2008*

*Der Paläontologe Jens Lorenz Franzen
aus Titisee-Neustadt, früherer langjähriger
Mitarbeiter am Forschungsinstitut
Senckenberg in Frankfurt am Main,
ist der Wiederentdecker der verschollenen
Fossilfundstelle bei Eppelsheim unter
acht Meter mächigen Deckschichten und
Begründer der ersten wissenschaftlichen
Grabungen dort. Er leitete Grabungen in
Eppelsheim und Dorn-Dürkheim in Rhein-
hessen, untersuchte und beschrieb Fund-
stellen und Funde. Kein anderer Wissen-
schaftler hat so lange und so intensiv in den
Ablagerungen des Ur-Rheins gegraben wie er.
Maßgeblich war er auch am Aufbau des
Dinotherium-Museums in Eppelsheim beteiligt.*

*Heiner Roos war von 1988 bis 1999
Bürgermeister der mehr als 1300 Einwohner
zählenden rheinland-pfälzischen Gemeinde
Eppelsheim (Kreis Alzey-Worms)
in Rheinhessen. Während seiner Amtszeit
bemühte er sich erfolgreich darum,
dass die Dinotheriensand-Fundstelle
bei Eppelsheim wieder entdeckt
und dort wissenschaftliche Grabungen
durchgeführt wurden.
Roos ist der „geistige Vater"
des Dinotherium-Museums in Eppelsheim,
das am 11. August 2001 eröffnet wurde
und über die exotische Tierwelt
am Ur-Rhein im Obermiozän
vor etwa zehn Millionen Jahren informiert.*

Exotische Tierwelt am Ur-Rhein bei Eppelsheim
im Obermiozän vor etwa zehn Millionen Jahren
auf einem Gemälde des akademischen Malers
Pavel Major aus Prag, das im Auftrag
der Gemeinde Eppelsheim angefertigt wurde:
Im Vordergrund links und rechts
hornlose Nashörner (Aceratherium incisivum),
dazwischen dreihufige Ur-Pferde
(Hippotherium primigenium) und
kleinwüchsige Hirsche (Euprox furcatus).
Im Hintergrund rechts eine Herde
von Rhein-Elefanten (Deinotherium giganteum),
im Hintergrund links auf der anderen Flussseite
krallenfüßige Huftiere (Chalicotherium goldfussi).
Eine wandfüllende Reproduktion
dieses Gemäldes ist im Dinotherium-Museum
in Eppelsheim zu sehen.

ckenzahn des Unterkiefers. Der Originalfund mit der Inventarnummer „NHWM 1864 I 667" ist im Naturhistorischen Museum Wien ausgestellt. Die auf einem Etikett lesbare Inventarnummer deutet darauf hin, dass dieser Zahn um 1864 gefunden wurde. Fundjahr und Archivierung sind auf alten Etiketten nicht immer identisch.

Nach Ansicht des schweizerischen Paläontologen Gérard de Beaumont aus Genf existierten nur zwei Arten von *Machairodus*: die 1832 von Johann Jakob Kaup aus Eppelsheim in Deutschland beschriebene ältere und kleinere Art *Machairodus aphanistus* und die 1848 von dem Münchner Paläontologen Andreas Wagner (1797–1861) aus Pikermi in Griechenland beschriebene jüngere und größere Art *Machairodus giganteus*.

Mit der Säbelzahnkatze *Machairodus aphanistus* ist – wie man heute weiß – *Machaidorus cultridens* identisch. Als einzigen Fundort von *Machairodus cultridens* in Rheinhessen nennt der Geologe und Paläontologe Jens Sommer in seiner Doktorarbeit über die Dinotheriensande von 2007 die Lokalität Eppelsheim.

Die im Vergleich zur Säbelzahnkatze *Machairodus aphanistus* merklich kleinere Dolchzahnkatze *Paramachairodus ogygius* hat man außer in Eppelsheim auch in den Dinotheriensanden von Esselborn und am Wissberg bei Gau-Weinheim in Rheinhessen nachgewiesen.

Die Ablagerungen des Ur-Rheins bei Eppelsheim und an etlichen anderen Fundorten in Rheinhessen werden Dinotheriensande genannt, weil sie oft Zähne und Knochen des Rüsseltieres *Deinotherium giganteum* („Riesiges Schreckenstier") enthalten. Der Ur-Rhein hatte im Obermiozän einen ganz anderen Verlauf als der heutige Rhein. Er strömte – weiter westlich als heute – ab dem Raum Worms quer durch Rheinhessen über Westhofen, Eppelsheim, Esselborn, Bermersheim, den Wissberg bei Gau-Weinheim und den Steinberg (Napoleonshöhe) bei Sprendlingen (Rheinland-

Jens Lorenz Franzen / Heiner Roos / Ernst Probst

Das Dinotherium-
Museum
in Eppelsheim

Herausgegeben vom
Förderverein
Dinotherium-Museum e.V.
Eppelsheim

Der Museumsführer „Das Dinotherium-Museum
in Eppelsheim" von Jens Lorenz Franzen, Heiner Roos und
Ernst Probst informiert über die Tierwelt am Ur-Rhein
im Obermiozän vor etwa zehn Millionen Jahren,
zu der Säbelzahnkatzen und Dolchzahnkatzen gehörten.

42

Pfalz) auf die Binger Pforte zu. Der damalige Strom berührte nicht – wie heute – die Gegend von Oppenheim, Nierstein, Nackenheim, Mainz, Wiesbaden und Ingelheim. Das geschah erst später.

Am Ufer des Ur-Rheins existierte eine exotische Tierwelt, wie man vor allem durch Fossilien aus Eppelsheim südlich von Alzey weiß. Allein von dort sind mindestens 35 Säugetier-Arten durch Funde nachgewiesen, von denen 25 erstmals von Eppelsheim beschrieben wurden.

In der Gegend von Eppelsheim lebten meterlange Schildkröten, Maulwürfe *(Talpa vallesensis)*, spitzmausähnliche Insektenfresser *(Plesiosorex roosi, Crusafontina kormosi)*, Menschenaffen *(Dryopithecus* sp., *Paidopithex rhenanus, Rhenopithecus eppelsheimensis)*, Säbelzahnkatzen *(Machairodus aphanistus)*, Dolchzahnkatzen *(Paramachairodus ogygius)*, Bärenhunde *(Agnotherium antiquum, Amphicyon eppelsheimensis)*, Katzenbären *(Simocyon diaphorus)*, schakalähnliche Hyänen *(Ictitherium robustum)*, Biber *(Palaeomys ogygius)*, Rüsseltiere (die Rhein-Elefanten *Prodeinotherium bavaricum* und *Deinotherium giganteum* sowie die Ur-Elefanten *Gomphotherium angustidens, Tetralophodon longirostris, Stegotetrabelodon gigantorostris*), Tapire *(Tapirus priscus, Tapirus antiquus)*, Nashörner *(Aceratherium incisivum, Brachypotherium goldfussi, Dihoplus schleiermacheri)*, krallenfüßige Huftiere *(Chalicotherium goldfussi)*, Ur-Pferde *(Hippotherium primigenium)*, Schweine *(Propotamochoerus palaeochoerus, Conohyus simorrensis, Microstonyx antiquus)*, das geweihlose Zwergböckchen *Dorcatherium naui*, die muntjakähnlichen Gabelhirsche *Euprox furcatus* und *Euprox dicranocerus*, der Gabelhirsch *Amphiprox anocerus*, der Zwerghirsch „*Cervus*" *nanus* und Waldantilopen *(Miotragocerus* cf. *pannoniae)*.

Nachzulesen ist dies in dem Taschenbuch „Der Ur-Rhein. Rheinhessen vor zehn Millionen Jahren" des Wiesbadener Wissenschaftsautors Ernst Probst sowie im Museumsführer

*Das Buch „The big cats and their fossil relatives" (1997)
von Alan Turner und Mauricio Antón mit einem Bild
von Dinofelis auf der Titelseite informiert in Wort und Bild
über prähistorische Großkatzen.*

44

„Das Dinotherium-Museum in Eppelsheim" von Jens Lorenz Franzen, Heiner Roos und Ernst Probst, die beide 2009 erschienen sind. Franzen ist der Wiederentdecker der Dinotheriensand-Fundstelle und Begründer der ersten wissenschaftlichen Grabungen bei Eppelsheim. Roos ist Altbürgermeister von Eppelsheim und „geistiger Vater" des Dinotherium-Museums in Eppelsheim.

Die in den Dinotheriensanden nachgewiesene Säbelzahnkatze *Machairodus aphanistus* hatte etwa die Größe eines heutigen Löwen, der es auf eine Schulterhöhe von rund einem Meter und eine Kopfrumpflänge von ungefähr 1,90 Meter bringt. Dagegen erreichte die Dolchzahnkatze *Paramachairodus ogygius* nur etwa die Maße eines jetzigen Pumas, der eine Schulterhöhe von rund 70 Zentimetern und eine Kopfrumpflänge von durchschnittlich 1,30 Meter erreicht. Die Säbelzahnkatze *Machairodus* und die Dolchzahnkatze *Paramachairodus* wirkten aber viel muskulöser als Löwe oder Puma.

In älterer Literatur heißt es, die extrem kräftigen Säbelzahnkatzen und Dolchzahnkatzen aus dem Obermiozän hätten mit flinken Raubkatzen, die ihre Beute über längere Distanz hinweg verfolgen und einholen können, wenig gemein. Für Verfolgungsjagden, wie sie etwa Tiger, Löwen oder Leoparden betreiben, seien die kurzen Unterschenkelknochen der Säbelzahnkatzen und Dolchzahnkatzen nicht geeignet gewesen. Ihre Eckzähne hätten wie „Brieföffner" beim Aufschlitzen von Kadavern gewirkt.

Dank der Entdeckung komplett erhaltener Skelette von Säbelzahnkatzen und Dolchzahnkatzen ab 1991 an der spanischen Fundstelle Batallones 1 bei Madrid kam man zu neuen Erkenntnissen. Nach der wissenschaftlichen Untersuchung der Skelettfunde von Batallones 1 vertritt man die Auffassung, die Säbelzahnkatze *Machairodus aphanistus* und die Dolchzahnkatze *Paramachairodus ogygius* aus dem Obermiozän seien agile Springer und Jäger gewesen. Sie hätten potentiel-

*Mit einer Schulterhöhe von etwa 1,10 Meter
und einer Kopfrumpflänge
von etwa zwei Metern war
die Säbelzahnkatze Machairodus aphanistus
(Bild oben) in der Tierwelt am Ur-Rhein
im Obermiozän vor etwa zehn Millionen Jahren
vermutlich der „König der Tiere".
Diesen Titel konnten
der löwengroßen Raubkatze
allenfalls die Bärenhunde
Amphicyon eppelsheimensis
und Agnotherium antiquum
streitig machen.
Die Zeichnungen auf den Seiten 54 und 55
stammen von dem akademischen Maler
Pavel Major aus Prag
und sind im Dinotherium-Museum
in Eppelsheim zu sehen.*

46

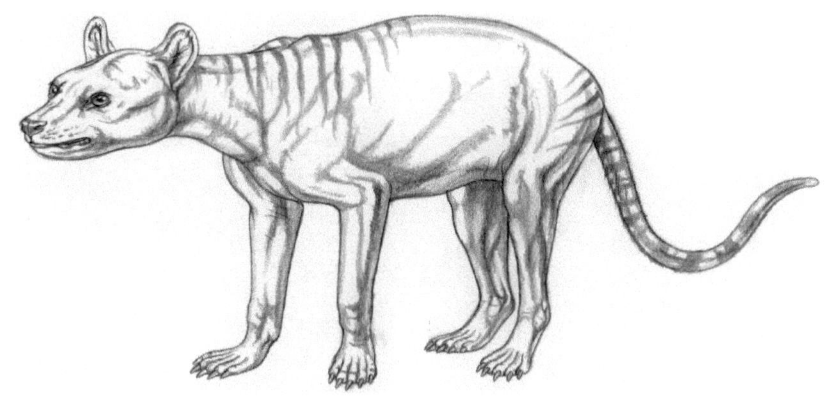

*Kleinere räuberische Konkurrenten
der Säbelzahnkatze Machairodus aphanistus
am Ur-Rhein in Rheinhessen
im Obermiozän vor etwa zehn Millionen Jahren:
Der Bärenhund Amphicyon eppelsheimensis
(Bild oben) erreichte eine Schulterhöhe
bis zu etwa 85 Zentimetern
und eine Länge bis zu rund 1,90 Meter.
Die schakalähnliche Hyäne
Ictitherium robustum (Bild unten) brachte es
auf eine Gesamtlänge bis zu etwa 1,20 Meter.*

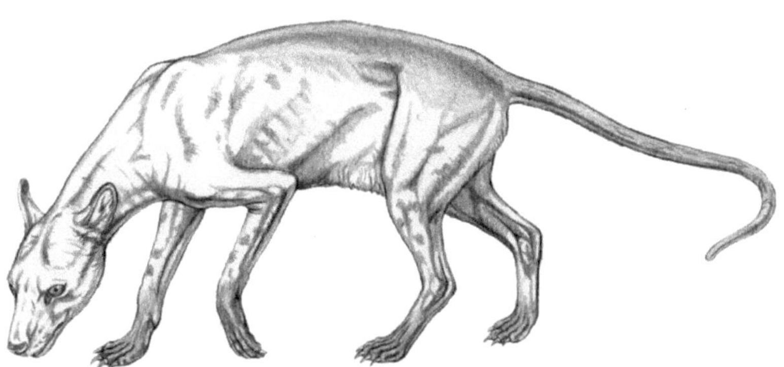

Der heutige Sibirische Tiger
(Panthera tigris altaica),
auch Amur-Tiger genannt,
gilt als größte Raubkatze der Gegenwart.
Laut Online-Lexikon „Wikipedia"
erreicht diese Raubkatze
eine Schulterhöhe
von etwa einem Meter
und eine Gesamtlänge
von ungefähr drei Metern
(Kopfrumpflänge mehr als zwei Meter,
dazu kommt noch
ein ca. 90 Zentimeter langer Schwanz).
Weibchen haben ein Gewicht
bis zu 150 Kilogramm und
Männchen bis zu etwa 250 Kilogramm.
Ähnlich groß
wie der Sibirische Tiger
könnte die Säbelzahnkatze
Machairodus giganteus gewesen sein.

48

le Beutetiere rasch über kurze Strecken gescheucht und nicht einfach angesprungen.

Heutige Tiger lauern – gut getarnt durch das kontrastreiche Fellmuster – oft stundenlang im hohen Gras oder in Nähe einer Wasserstelle auf Beutetiere. Sie schleichen so dicht wie möglich an ihre Opfer heran, bis sie diese mit wenigen Sprüngen angreifen können. Häufig greifen sie den Hals ihrer Beutetiere an. Mit Hilfe ihrer enormen Beißkraft werden dem Beutetier Halswirbel und Rückenmark durchtrennt.

Bevorzugte Beutetiere von *Machairodus aphanistus* könnten die Waldantilope *Miotragocerus pannoniae* und das Ur-Pferd *Hippotherium primigenium* gewesen sein. Diese beiden Tiere gehörten – wie erwähnt – zur Tierwelt am Ur-Rhein in Rheinhessen. Die Hufstruktur der Waldantilope deutet darauf hin, dass sie ein langsamerer Läufer, aber ein besserer Schwimmer als das Ur-Pferd war. Beim Angriff einer Säbelzahnkatze könnte die Waldantilope also – wenn möglich – ins Wasser geflüchtet sein.

Machairodus aphanistus wird – wie erwähnt – zum Stamm der Homotheriini gerechnet, *Paramachairodus ogygius* dagegen zum Stamm der Smilodontini. Zu letzterem Stamm zählt auch die Gattung *Smilodon* in Nord- und Südamerika, deren größte Art *Smilodon populator* eine Schulterhöhe von etwa 1,20 Metern hatte und bis zu 28 Zentimeter lange Eckzähne trug.

Die Säbelzahnkatze *Machairodus aphanistus* von Eppelsheim erreichte eine Schulterhöhe von ca. 1,10 Meter und eine Kopfrumpflänge von etwa zwei Metern. Auf einer Zeichnung in dem Buch „The big cats and their fossil relatives" (1997) von Alan Turner und Mauricio Antón trägt diese Raubkatze einen schätzungsweise 70 Zentimeter langen Schwanz.

Anhand von sechs Schädeln mit einer Länge zwischen 23,7 und 31,3 Zentimetern von der spanischen Fundstelle Batallones 1 hat man das Lebendgewicht der Säbelzahnkatze *Machairodus aphanistus* errechnet. Demnach wog diese

Raubkatze zu Lebzeiten zwischen 100 und 240 Kilogramm, was etwa einem heutigen Tiger oder Löwen entspricht. Sie war viel größer und schwerer als ihr Zeitgenosse *Paramachairodus ogygius* mit einem Gewicht von nur 28 bis 65 Kilogramm.

Machairodus hatte insgesamt 30 Zähne, von denen sich 16 im Oberkiefer und 14 im Unterkiefer befanden. Jeder der beiden Oberkieferäste trug acht Zähne: drei Schneidezähne (Incisiven), einen Eckzahn (Caninus), drei Vorderbackenzähne (Prämolaren P2, P3, P4) und einen Backenzahn (Molar). In den beiden Unterkieferästen saßen drei Schneidezähne, ein Eckzahn, zwei Vorderbackenzähne (P3, P4) und ein Backenzahn.

Herrliche Bilder von *Machairodus aphanistus* und *Paramachairodus ogygius* sind in dem erwähnten Buch „The big cats an their fossil relatives" zu bewundern. Auf allen Zeichnungen hat der Illustrator Mauricio Antón diese Säbelzahnkatze und Dolchzahnkatze mit prächtigem Fellmuster und langem Schwanz, der etwa 40 Prozent des Körpers entspricht, meisterhaft dargestellt. Ein auf Funden von Cerro Batallones bei Madrid basierendes Bild zeigt *Machairodus aphanistus* in vollem Lauf.

In der Tierwelt am Ur-Rhein vor etwa zehn Millionen Jahren war die Säbelzahnkatze *Machairodus* vermutlich der „König der Tiere". Diesen Titel konnten ihm allenfalls die Bärenhunde *(Amphicyon eppelsheimensis, Agnotherium antiquum)* streitig machen. *Amphicyon eppelsheimensis* beispielweise erreichte eine Schulterhöhe bis zu etwa 85 Zentimetern und eine Länge bis zu rund 1,90 Meter. Die schakalähnliche Hyäne *Ictitherium robustum* dagegen brachte es „nur" auf eine Gesamtlänge bis zu etwa 1,20 Meter.

Laut Online-Lexikon „Wikipedia" kann man innerhalb der Gattung *Machairodus* zwei Grundtypen unterscheiden:

1. Einen eher primitiven Typ wie *Machairodus aphanistus*, der in weiten Teilen Europas und Asiens nachgewiesen ist

und in Nordamerika unter dem Namen *Nimravides catacopis* (Schulterhöhe etwa ein Meter) beschrieben wurde. Dieser Typ besaß einen typischen Katzenkörper.

2. Einen weiter entwickelten Typ, zu der die europäische Art *Machairodus giganteus* und die ähnliche oder vielleicht sogar identische nordamerikanische Art *Machairodus coloradensis* (Schulterhöhe 1,20 Meter) gehörten. Bei diesem Typ hatten sich verlängerte Vordergliedmaßen herausgebildet, deren Struktur eher hyänenartig wirkte. Außerdem waren bei diesen Formen die Zähne stärker abgeflacht.

Als vielleicht größte Art der Gattung *Machairodus* gilt die Spezies *Machairodus giganteus*. Von dieser tigergroßen Säbelzahnkatze mit einer Schulterhöhe von ungefähr 1,20 Meter und einer Kopfrumpflänge von schätzungsweise bis zu 2,40 Metern kennt man verschiedene Reste aus Europa und Asien. Ein heutiger Sibirischer Tiger bzw. Amur-Tiger *(Panthera tigris altaica),* die größte Raubkatze der Gegenwart, bringt es – laut Online-Lexikon „Wikipedia" auf eine Schulterhöhe von etwa einem Meter, eine Gesamtlänge von ungefähr drei Metern (Kopfrumpflänge mehr als zwei Meter, dazu ein ca. 90 Zentimeter langer Schwanz) und ein Gewicht bis zu 150 Kilogramm bei Weibchen und bis zu etwa 250 Kilogramm bei Männchen.

Auf der lesenswerten Internetseite www.big-cats.de von Frank Huber aus Kiel werden noch eindrucksvollere Maße und Gewichte für den größten Tiger der Gegenwart genannt. Dieser Webseite zufolge haben die imposantesten Sibirischen Tiger eine Kopfrumpflänge bis zu 2,80 Metern und einen bis zu 1,10 Meter langen Schwanz, was eine respektable Gesamtlänge von fast vier Metern ergibt. Als Schulterhöhe werden bis zu 1,20 Meter erwähnt sowie als Gewicht für Weibchen bis zu 170 Kilogramm und für Männchen bis zu 300 Kilogramm.

Bei einem Größenvergleich mit einem jetzigen Indonesischen Tiger *(Panthea tigris corbett),* der kleinsten Unterart heuti-

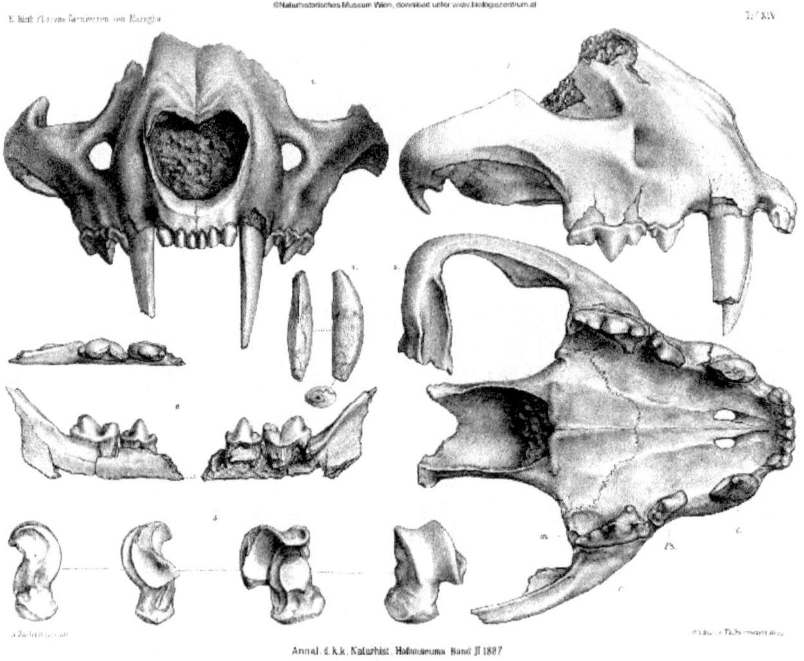

*Abbildung von Funden
der Dolchzahnkatze Paramachairodus orientalis
aus Maragha in Persien,
die 1887 von dem Wiener Paläontologen
Ernst Kittl (1854–1913)
erstmals beschrieben wurde.
Seine Beschreibung basierte vor allem
auf einem Schädelrest ohne Gehirnkapsel,
aber mit zahlreichen Zähnen.*

ger Tiger, schneidet die Säbelzahnkatze *Machairodus giganteus* noch viel besser ab. Indonesische Tiger erreichen eine Kopfrumpflänge von etwa 1,40 Meter, eine Schwanzlänge von rund 60 Zentimetern und ein Gewicht von ungefähr 90 Kilogramm (Weibchen) bis zu 120 Kilogramm (Männchen).

Ein Schädel von *Machairodus giganteus taracliensis* aus Taraklia (Ukraine) ist 31 Zentimeter lang. Die am besten erhaltenen Schädel von *Machairodus giganteus* liegen aus China vor. Der Schädel dieser Art war merklich länger und niedriger als der von anderen Säbelzahnkatzen. Aus Shansi in China ist ein besonders großer Schädel eines *Machairodus giganteus* mit einer Länge von 36,3 Zentimetern bekannt.

Experten vermuten, dass die im Vergleich zu Weibchen besonders großen Männchen von *Machairodus giganteus* sich zuweilen erbitterte Rangordnungskämpfe mit männlichen Rivalen lieferten. Dabei ging es um die Vorherrschaft im Revier oder um die Gunst von Weibchen. Womöglich waren Männchen von *Machairodus giganteus* – ähnlich wie heutige Tiger – etwa anderthalb Mal so groß wie Weibchen ihrer Art.

Säbelzahnkatzen und Dolchzahnkatzen lebten im Obermiozän vor etwa 8,5 Millionen Jahren auch in der Gegend von Dorn-Dürkheim (Kreis Mainz-Bingen) in Rheinhessen. In Dorn-Dürkheim 1 sind die Dolchzahnkatzen *Paramachairodus orientalis* und *Paramachairodus ogygius* sowie die Säbelzahnkatze *Machairodus* cf. *aphanistus* durch Funde nachgewiesen, die der Frankfurter Paläontologe Michael Morlo identifizierte.

Dorn-Dürkheim 1 gilt als eine der artenreichsten Säugetier-Fundstellen Europas und die erste Fundstätte aus dem Turolium (8,7 bis 4,9 Millionen Jahre). Als Turolium bezeichnet man Säugetierfaunen, die jener im Calatayud-Teruel-Becken östlich von Madrid in Spanien entsprechen. Die Stufe Turolium wurde 1965 von dem spanischen Paläontologen

Miguel Crusafont-Pairó (1910–1983) vorgeschlagen. Sie beruht auf dem lateinischen Namen von Teruel.

Aus dem Turolium stammen auch ein Schädel und drei Unterkiefer einer Säbelzahnkatze aus Kalmakpai im Osten von Kasachstan (Russland). Diese Funde wurden 1992 von der russischen Paläontologin Marina Sotnikova aus Moskau als eine bisher unbekannte Art namens *Machairodus kurteni* beschrieben. Der Artname *kurteni* bezieht sich auf den finnischen Paläontologen Björn Kurtén (1925–1988), der sich um die Erforschung fossiler Raubtiere verdient gemacht hat.

Die Säbelzahnkatze *Machairodus* war im Pliozän (etwa 5,3 bis 2,6 Millionen Jahre) ein gefährlicher Feind der Vormenschen in Afrika. Diese Vormenschen werden zur Gattung *Australopithecus* (lateinisch: australis = südlich, griechisch: pithekos = Affe) gerechnet, von der mehrere Arten bekannt sind. Den Begriff *Australopithecus* hat der südafrikanische Anatom Raymond Arthur Dart (1893–1988) aus Johannesburg für einen 1924 bei Taung im Betschuanaland entdeckten Kinderschädel verwendet.

Die Vormenschen unterschieden sich von den Menschenaffen durch ein mehr menschlich geformtes Becken sowie den Skelettbau der Beine und Füße, der eine aufrechte Körperhaltung und zweibeinigen Gang ermöglichte. Ihr Gehirnschädelinhalt übertraf mit etwa 440 bis 530 Kubikzentimetern schon denjenigen der Menschenaffen. Die Vormenschen waren ungefähr 1,10 bis 1,40 Meter groß. Da sie noch keine Waffen besaßen, konnten sie sich gegen die Säbelzahnkatzen nicht wehren.

Stark an eine Säbelzahnkatze erinnert die Gattung *Sansanosmilus*, die vom mittleren bis zum späten Miozän in Asien und Europa vorkam. *Sansanosmilus* ist außer am namengebenden Fundort Sansan in Frankreich auch aus Steinheim am Albuch (Kreis Heidenheim) in Baden-Württemberg nachgewiesen. Diese Gattung wird heute den Barbourofelidae, einer ausgestorbenen Linie der katzenartigen Raubtiere, zuge-

rechnet. *Sansanosmilus* erreichte eine Gesamtlänge von ca. 1,50 Meter und ein Gewicht von etwa 80 Kilogramm.
Eine primitivere Form der Barbourofelidae ist die Gattung *Prosansanosmilus*, die auch in Deutschland (Langenau bei Ulm in Baden-Württemberg, Sandelzhausen bei Mainburg in Bayern) vorkam. Als letzte Gattung der Barbourofelidae gilt *Barbourofelis*, die besonders lange, obere Eckzähne trug und in Nordamerika und Asien (Türkei) verbreitet war.

Funde von Säbelzahnkatzen und Dolchzahnkatzen aus aller Welt (Auswahl)

Säbelzahnkatze Homotherium crenatidens.
Zeichnung von Shuhei Tamura

A

Ägypten:
Wadi-el-Natrun: *Machairodus* cf. *aphanistus*

Argentinien:
Barranqueras: *Smilodon populator*
Lujan: *Smilodon populator*
Paso Otero-Verde: *Smilodon fatalis*

Äthiopien:
Middle Awash – Adu-Asa: *Machairodus* sp.

B

Bolivien:
Nuapua 1, Chuquisaca: *Smilodon populator*
Tarija: *Smilodon populator*

Brasilien:
Garrincho: *Smilodon populator*
Lagoa Santa (Minas Gerais): *Smilodon*
Mostardas: *Smilodon populator*
Toca da Boa Vista: *Smilodon populator*
Toca da Cima dos Pilao: *Smilodon populator*
Toca da Janela da Barro do Antoniao: *Smilodon populator*

Bulgarien:
Slivnitsa: *Homotherium crenatidens*

C

China:
Baode (Provinz Shansi): *Megantereon*
Choukutien bei Peking: *Megantereon*
Guanghe Formation (Provinz Gansu): *Machairodus giganteus*
Lufeng (Provinz Yunnan): *Machairodus fires*
Nantan, Hohsien, Upper Red Clays (Provinz Shansi): *Machairodus palanderi*
Nihowan (Provinz Shansi): *Megantereon nihowanensis*
Songshan, Tianzu (Provinz Gansu): *Machairodus* sp.
Tung Gur (Innere Mongolei): *Machairodus* sp.
Yushe (Provinz Shansi): *Megantereon*

D

Deutschland:
Dorn-Dürkheim in Rheinhessen (Rheinland-Pfalz):
Machairodus cf. *aphanistus, Paramachairodus ogygius
(nach anderer Schreibweise Paramachairodus ogygia),
Paramachairodus orientalis*
Eppelsheim in Rheinhessen (Rheinland-Pfalz):
Machairodus aphanistus, Paramachairodus ogygius
Esselborn in Rheinhessen (Rheinland-Pfalz):
Paramachairodus ogygius
Gau-Weinheim in Rheinhessen (Rheinland-Pfalz):
Machairodus sp.
Höwenegg bei Immendingen/Donau (Baden-Württemberg):
Machairodus aphanistus
Mauer bei Heidelberg (Baden-Württemberg): *Homotherium
crenatidens*
Melchingen, heute ein Stadtteil von Burladingen (Baden-
Württemberg): *Machairodus aphanistus*
Mosbach in Wiesbaden (Hessen): *Homotherium crenatidens*
Neuleiningen bei Grünstadt (Rheinland-Pfalz): *Homotherium
crenatidens*
Randersacker bei Würzburg (Bayern): *Homotherium* sp.
Steinheim an der Murr (Baden-Württemberg): *Homotherium
latidens*
Untermaßfeld bei Meiningen (Thüringen): *Homotherium
crenatidens, Megantereon cultridens adroveri (Megantereon
whitei)*
Voigtstedt im Harzvorland (Thüringen): *Homotherium
moravicum*
Weimar-Süßenborn: *Homotherium crenatidens*
Wissberg bei Gau-Weinheim in Rheinhessen (Rheinland-
Pfalz): *Paramachairodus ogygius*

E

England:
Dove Holes bei Buxton (Derbyshire): *Homotherium crenatidens*
Kent's Cavern (Torquai): *Homotherium latidens*
Kessingland (Suffolk): *Homotherium*
Nordsee vor Ostengland: *Homotherium crenatidens*
Pakefield (Suffolk): *Homotherium*
Robin Hood Cave in den Creswell Crags (Derbyshire): *Homotherium latidens*
Sidestrand (Norfolk): *Machairodus* sp.
Westbury-sub-Mendip (Somerset): *Homotherium crenatidens*
West Runton (Norfolk): *Homotherium*

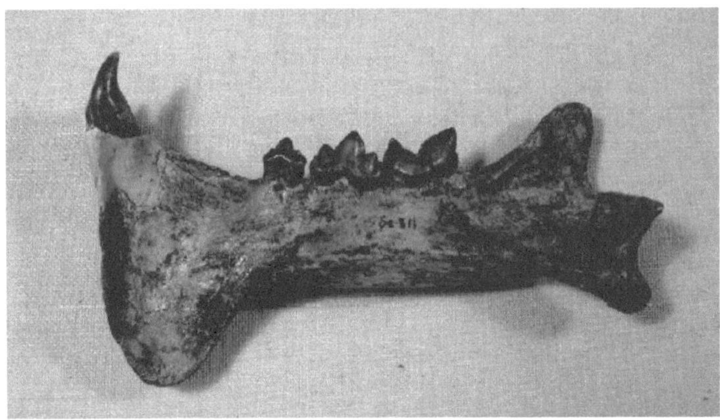

Unterkiefer der Dolchzahnkatze Megantereon cultridens aus Senèze in Frankreich. Original im Naturhistorischen Museum Basel

F

Frankreich:
Abbeville, Flussterrasse der Somme, Pas de Calais, Region
Picardie (Somme): *Homotherium latidens*
Artenac bei Angoulême (Charente): *Homotherium latidens*
Blassac-la-Gironde in der Auvergne (Haute Loire):
Megantereon cultridens
Cajarc (Lot): *Homotherium* sp.
Chilhac im Zentralmassiv (Haute Loire): *Homotherium
crenatidens, Megantereon cultridens*
La Baume (Haute-Savoie): *Homotherium latidens*
La Roche-Lambert, Saint Paulien (Haute Loire):
Homotherium crenatidens
Le Coupet, Mazeyrat d'Allier (Haute Loire):
Homotherium crenatidens
Montmaurin (Haute-Garonne): *Homotherium latidens*
Montredon (Hérault): *Machairodus aphanistus*
Perrier-Etouaires in der Auvergne (Puy de Dôme):
Megantereon cultridens, Homotherium crenatidens
Perrier-Pardines in der Auvergne (Puy de Dôme):
Megantereon cultridens, Homotherium crenatidens
Perrier-Roccaneyra in der Auvergne (Puy de Dôme):
Homotherium
Saint Vallier (Dróme): *Megantereon cultridens,
Homotherim crenatidens*
Sainzelles, Polignac (Haute Loire): *Homotherium
crenatidens*
Senèze im Zentralmassiv (Haute Loire): *Homotherium
crenatidens, Megantereon cultridens*
Soblay (Ain): *Machairodus aphanistus*
Villeneuve-sur-Lot, Region Aquitaine (Lot-et-Garonne):
Homotherium latidens

G

Georgien:
Akhalkalaki: *Homotherium crenatidens*
Calka: *Homotherium* sp.
Dmanisi: *Homotherium crenatidens, Megantereon whitei*
Kvabebi bei Signakhi: *Homotherium*

Griechenland:
Appolonia 1 (Makedonien): *Megantereon whitei, Homotherium*
Halmyropotamos auf der Insel Euböa: *Machairodus aphanistus*
Kalamotó (Makedonien): *Homotherium crenatidens*
Livakos (Makedonien): *Homotherium* sp.
Makinia (Westgriechenland): *Megantereon cultridens*
Milia bei Grevena (Makedonien): *Homotherium*
Petralona auf der Halbinsel Chaldiki (Makedonien): *Homotherium, Megantereon*
Pikermi bei Athen: *Machairodus giganteus, Paramachairodus orientalis, Paramachairodus ogygius*
Saloniki (Makedonien): *Machairodus aphanistus*
Samos (Insel vor der kleinasiatischen Küste): *Machairodus giganteus*
Sésklon (Thessalien): *Homotherium crenatidens*
Vatera auf der Insel Lesbos: *Homotherium crenatidens*
Thermopigi: *Paramachairodus* sp., *Machairodus* sp.
Tourkovounia bei Athen: *Homotherium* cf. *crenatidens*
Vathylakkos (Thessalien): *Machairodus giganteus*
Volax (Makedonien): *Megantereon cultridens*

I

Irak:
Injana, Lower Bakhtiari Formation: *Machairodus* sp.

Iran:
Maragha: *Paramachairodus orientalis*

Israel:
Ubeidiya Formation: *Megantereon* cf. *whitei*

Italien:
Casa Frata, Arezzo, Arnotal (Region Toskana):
Homotherium crenatidens
Collepardo in der Provinz Prosinone (Region Latium):
Megantereon cultridens
Costa San Giacomo (Region Latium): *Homotherium*
Farneta (Region Toskana): *Megantereon cultridens*
Manfredonia auf der Halbinsel Gargano: *Homotherium crenatidens*
Monte Argentario (Region Toskana): *Megantereon whitei, Homotherium crenatidens*
Monte Riccio (Region Latium): *Megantereon cultridens*
Montopoli (Region Toskana): *Megantereon cultridens*
Olivola, Val di Magram (Region Toskana): *Megantereon cultridens, Homotherium crenatidens*
Pirro Nord (Region Apulien): *Megantereon whitei*
Selva Vecchia, Sant'Ambrogio di Valpolicella, Verona (Region Venetien): *Homotherium crenatidens, Homotherium latidens*
Scivolone, Brecce di Soave, Verona bzw. Breccia di Valpolicella (Region Venetien): *Homotherium latidens*
Slivia, Provinz Triest (Region Friaul-Julisch Venetien): *Homotherium crenatidens*
Tasso (Region Toskana): *Megantereon cultridens*
Triversa (Region Toskana): *Homotherium crenatidens*
Val d'Arno bzw. Arnotal (Region Toskana): *Homotherium crenatidens*
Verona (Region Venetien): *Homotherium moravicum*

K

Kanada:
Dawson, Yukon: *Homotherium* sp.
Old Crow, Yukon: *Homotherium* serum

Kasachstan:
Dzhenama River: *Machairodus* aff. *irtyschensis*
Kalmakpai: *Machairodus kurteni*
Selim-Dzehevar: *Machairodus aphanistus taracliensis,*
Machairodus ischimicus

Kenia:
Lothagam: *Lokotunjailurus emageritus*
West Turkana: *Homotherium problematicus*

Kirgisien:
Serafimovka: *Machairodus* sp.

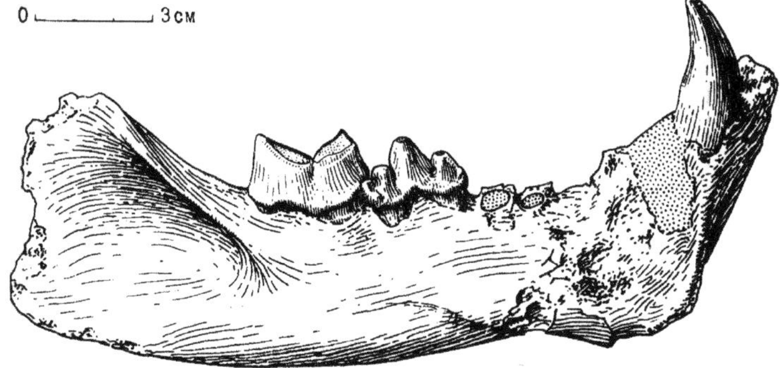

Unterkiefer der Säbelzahnkatze
Machairodus kurteni aus dem Obermiozän
von Kalmakpai in Kasachstan

M

Mazedonien:
Veles: *Paramachairodus orientalis*

Mexiko:
Arroyo Tepalcates: *Machairodus* cf. *coloradensis*
Cedazo (Arroyo Cedazo, Arroyo San Francisco): *Smilodon fatalis*
Chapala: *Smilodon fatalis*
El Golfo: *Homotherium* sp.
Las Golondrinas: *Machairodus* sp.
La Rinconada: *Machairodus* sp.
Las Tunas bzw. Las Tunas Wash: *Machairodus* sp.
Rancho Viejo bzw. Arrastracabllos: *Machairodus* sp.
Yepomera: *Machairodus coloradensis*

Moldawien:
Chimishliya: *Machairodus aphanistus, Machairodus schlosseri, Machairodus parvulus*
Cioburciu: *Machairodus aphanistus*
Gura Galbena: *Machairodus* sp.
Kalfa: *Machairodus laskarevi*
Sagaidak: *Machairodus* sp.
Taraklia: *Paramachairodus orientalis, Machairodus aphanistus taracliensis, Machairodus schlosseri*

N

Niederlande:
Nordsee (Het Gat südwestlich der Braunen Bank):
Homotherium latidens
Nordsee (Onrust nördlich von Walcheren): *Homotherium crenatidens*
Nordsee (Roompot): *Homotherium crenatidens*
Oosterschelde (Flauwerspolder): *Homotherium crenatidens*

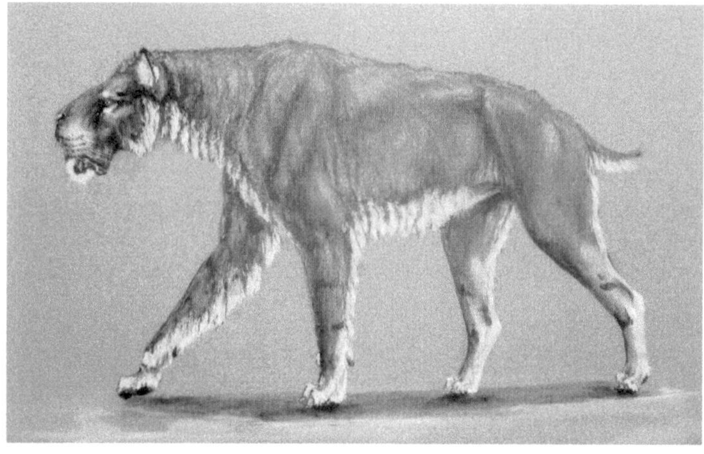

Rekonstruktion der Säbelzahnkatze
Homotherium latidens des niederländischen Bildhauers
Remie Bakker aus Rotterdam

O

Österreich:
Deutsch-Altenburg 1 (Niederösterreich): *Homotherium sainzelli* (heute: *Homotherium crenatidens*)
Hundsheim bei Deutsch-Altenburg (Niederösterreich): *Homotherium moravicum*
Zillingdorf (Niederösterreich): *Machairodus aphanistus*

R

Rumänien:
Betfia: *Megantereon* sp.
Bugiuliesti: *Megantereon whitei*
Graunceanului: *Megantereon cultridens, Homotherium crenatidens*
Tetoiu: *Megantereon cultridens, Homotherium crenatidens*

Russland:
Khopry: *Homotherium*
Pavlodar am rechten Ufer des Irtysch: *Machairodus irtyschensis*
Rostov am Don: *Homotherium*
Semibalki: *Homotherium*
Udunga (Sibirien): *Homotherium crenatidens*

S

Schweiz:
Charmoille (Kanton Jura): *Machairodus aphanistus*

Slowakei:
Hainacka: *Megantereon* sp.
Vceláre 2: *Homotherium crenatidens*

Spanien:
Atapuerca, Fundstelle Gran Dolina (Provinz Burgos, Region Kastilien-Léon): *Homotherium*
Can Llobateres bei Sabadell (Provinz Teruel, Region Aragonien): *Machairodus aphanistus*
Can Ponsich, Valles Penedes (Provinz Teruel, Region Aragonien): *Machairodus aphanistus*
Cerro Batallones (Fundstelle Batallones 1) bei Torrejón de Valasco südlich von Madrid: *Machairodus aphanistus, Paramachairodus ogygius*
Concud (Provinz Teruel, Region Aragonien): *Paramachairodus orientalis*
Creviellente 2 (Provinz Alicante, Region Valencia): *Paramachairodus ogygius*
Cueva Victoria (Region Murcia): *Megantereon* sp., *Homotherium* sp.
Fonelas (Provinz Granada, Region Andalusien): *Megantereon cultridens, Homotherium*
Fuentidueña (Provinz Segovia, Zentralspanien): *Machairodus aphanistus*
Fuente Nueva, Orce (Provinz Granada, Region Andalusien): *Megantereon whitei*
Incarcàl, Cal Taco, bei Crespia (Provinz Girona): *Homotherium crenatidens*

La Puebla de Valverde (Provinz Teruel, Region Aragonien):
Megantereon cultridens, Homotherium crenatidens
La Tarumba (Region Katalonien): *Paramachairodus
ogygius*
Los Mansuetos (Provinz Teruel, Region Aragonien):
Machairodus giganteus
Mestas de Con, Cangas de Onis (Region Austurien):
Homotherium crenatidens
Puento Minero (Provinz Teruel, Region Aragonien):
Paramachairodus orientalis, Paramachairodus ogygius
Santiga (Region Katalonien): *Machairodus aphanistus*
Terrassa (Provinz Barcelona, Region Katalonien):
Paramachairodus orientalis
Venta del Moro (Provinz Valencia): *Paramachairodus
maximiliani, Machairodus* indet.
Venta Micena (Provinz Granada, Region Andalusien):
Meganteron whitei, Homotherium crenatidens
Villarroya (Provinz La Rioja, früher Provinz Logrono):
Megantereon cultridens, Homotherium crenatidens

Südafrika:
Langebaanweg: *Machairodus* sp.
Makapansgat: *Machairodus darti, Megantereon gracilis,
Homotherium problematicus*
Schurveberg: *Megantereon whitei*
Sterkfontein: *Megantereon gracilis*

T

Tadschikistan:
Daraispon: *Machairodus giganteus*
Kopaly: *Homotherium* sp.
Kuruksai-Navrukho: *Homotherium crenatidens,
Megantereon cultridenis*
Lakhuti 2: *Homotherium* sp.

Tansania:
Manonga: cf. *Machairodus* sp.

Tschad:
Toros-Menalla: *Machairodus kabir*

Tschechien:
Chlum I (Böhmischer Karst): *Homotherium moravicum*
Chlum IV (Böhmischer Karst): *Homotherium moravicum*
Stránsá skálá bei Slatina unweit von Brno (Woldrich-Höhle): *Homotherium moravicum*
Zlaty kun Höhle C 718 (Böhmischer Karst): *Homotherium moravicum*

Tunesien:
Bled Douarah: *Machairodus robinsoni*

Türkei:
Cal: *Machairodus aphanistus*
Calta: *Machairodus giganteus*
Denizi: *Machairodus aphanistus*
Esme Akcaköy: *Miomachairodus pseudailuroides*
Kemiklitepe: *Machairodus giganteus*
Kücükçekmece: *Paramachairodus orientalis*
Küçükyozgat: *Machairodus romeri*
Kurtchuk-Tchekmedje: *Machairodus aphanistus*
Mahmutgazi: *Machairodus aphanistus*
Sinap Moyen: *Megantereon pivetaui* n. sp.
Sinap Superieur: *Megantereon hoffstetteri* n. sp.
Yeni Eskihisar: *Miomachairodus pseudailuroides*

U

Ukraine:
Grebeniki: *Machairodus copei*
Liventsovka: *Homotherium crenatidens*
Novo-Yelizavetovka: *Machairodus schlosseri*
Odessa: *Homotherium*
Zheltokamenka: *Machairodus* sp.

Ungarn:
Csákvár: *Paramachairodus orientalis*
Kislang: *Homotherium crenatidens*
Polgárdi: *Paramachairodus orientalis*
Úrkút: *Megantereon whitei*

USA:
American Falls Reservoir (Idaho): *Homotherium serum, Smilodon fatalis*
Anderson Gravel Pit (Kansas): *Homotherium serum*
Aphelops Draw Quarries (Nebraska): *Machairodus coloradensis*
Axtel (Texas): *Machairodus* sp.
Baggett (Texas): *Homotherium* sp.
Bass Point Waterway 1 (Florida): *Smilodon gracilis*
Boardman (Oregon): *Machairodus* sp.
Box (Texas): *Machairodus sp.*
Bridwell Formation (Texas): *Machairodus* cf. *coloradensis*
Camel Canyon (Arizona): *Machairodus* sp.
Campbell Hills bzw. Twentynine Palms Gravel Pit (Kalifornien): *Smilodon fatalis*
Camp Cady bzw. Lake Manix (Kalifornien): *Homotherium serum*
Canton Lake (Oklahoma): *Smilodon fatalis*

Cave ACb-3 (Alabama): *Smilodon fatalis*
Cita Canyon (Texas): *Homotherium crenatidens*
Coffee Ranch bzw. Miami Quarry (Texas): *Machairodus*
cf. *coloradensis*
Conard Fissure (Arkansas): *Smilodon fatalis*
Crystal River Power Plant (Florida): *Smilodon gracilis*
Cumberland Cave (Maryland): *Smilodon fatalis*
Delmont (South Dakota): *Homotherium crenatidens*
Devil's Nest Airstrip (Nebraska): *Machairodus* sp.
Duck Point (Idaho): *Homotherium serum*
Edisto Beach (South Carolina): *Smilodon fatalis*
Edson (Kansas): *Machairodus* cf. *catacopis*
El Jobean Pit (Florida): *Smilodon gracilis*
Fairbanks (Arkansas): *Homotherium* sp.
Fairmead Landfill (Kalifornien): *Smilodon fatalis*
Forsberg Shell Pit (Florida): *Smilodon gracilis*
Fossil Lake (Oregon): *Homotherium serum*
Friesenhahn Cave bzw. Friesenhahn-Höhle bei San Antonio
(Texas): *Homotherium serum*
Gassaway Fissure (Tennessee): *Homotherium serum*
Gilliland (Texas): *Homotherium serum*
Golgotha Watermill Pothole Quarry bzw. Golgotha Hill
(Nevada): *Machairodus* sp.
Gray Fossil Site (Tennessee): cf. *Machairodus* sp.
Greenwood Canyon Quarry bzw. Dalton Quarry
(Nebraska): *Machairodus* sp.
Hagerman (Idaho): *Megantereon hesperus*
Haile lime-stone mines, Alachua County (Florida):
Xenosmilus hodsonae
Hanover Quarry (Pennsylvania): *Smilodon gracilis*
Harrodsburg Crevice (Indiana): *Smilodon fatalis*
Hay Springs Fossil Quarry (Nebraska): *Smilodon fatalis*
Inglis (Florida): *Homotherium* sp. *oder Smilodon gracilis*
Irvington (Kalifornien): *Homotherium serum*
Kendrick (Florida): *Smilodon fatalis*

Lake Manix (Kalifornien): *Homotherium* sp.
Laubach Cave (Texas): *Homotherium serum*
Leisey Shell Pit (Florida): *Smilodon gracilis*
Madison County (Nebraska): *Homotherium serum*
Massacre Rocks (Idaho): *Smilodon fatalis*
McKay Reservoir (Oregon): *Machairodus* sp.
McLeod Limerock Mine (Florida): *Smilodon gracilis*
Merrell (Montana): *Homotherium serum*
Nashville, The First American Bank Site (Tennessee):
Smilodon fatalis
Optima bzw. Guymon (Oklahoma): *Machairodus catacopis*
Owyhee River (Oregon): *Homotherium* sp.
Pauba Formation (Kalifornien): *Smilodon fatalis*
Pinole Junction (Kalifornien): *Machairodus* sp.
Port Kennedy Cave (Pennsylvania): *Smilodon gracilis*
Quinlan (Oklahoma): *Homotherium* sp.
Rancho La Brea in Los Angeles: *Homotherium serum,*
Smilodon fatalis
Reddick (Florida): *Homotherium serum*
Redington (Arizona): *Machairodus* sp.
Rhino Hill Quarry (Kansas): *Machairodus coloradensis*
Rick Irwin Site bzw. Wyman Creek (Nebraska):
Machairodus sp.
Sabertooth Cave bzw. Lecanto Cave (Florida): *Smilodon*
fatalis
Sandahl (Kalifornien): *Homotherium serum*
Sand Draw Quarry (Nebraska): *Homotherium crenatidens*
San Pedro Lumber Yard (Kalifornien): *Smilodon fatalis*
Santa Fee River (Florida): *Smilodon gracilis*
Schuykill-River (Pennsylvania): *Smilodon gracilis*
Silver Creek Junction (Utah): *Smilodon fatalis*
Slaton Quarry (Texas): *Homotherium serum*
Smiths Valley (Nevada): *Machairodus* sp.
Uptegrove (Nebraska): *Machairodus coloradensis*
Vallecito Creek (Kalifornien): *Smilodon gracilis*

Warren (Kalifornien): *Machairodus* cf. *coloradensis*
Western (Oklahoma): *Homotherim serum*
Wikieup Bird Bone Quarry (Arizona): *Machairodus coloradensis*
Withlacoochee River Site (Florida): *Machairodus* sp.
Wray bzw. Beecher Island (Colorado): *Machairodus coloradensis*

V

Venezuela:
El Breal de Orocual (Monagas): *Homotherium*
Mene de Inciarte Tar Seep (Fundstelle 185, Fundstelle 198): *Smilodon populator*
Zumbador Cave (Cueva del Zumbador): *Smilodon populator*

Dolchzahnkatze Smilodon.
Zeichnung von Shuhei Tamura

*Lebensechtes Modell
der Säbelzahnkatze
Megantereon cultridens
auf Basis des Skelettfundes
aus Senèze (Frankreich)
im Naturhistorischen Museum Wien.
Das Modell
hat eine Schulterhöhe
von ca. 70 Zentimetern,
eine Länge
von etwa 1,10 Meter
sowie einen rund
20 Zentimeter
langen Schwanz.*

Säbelzahnkatzen und Dolchzahnkatzen in Museen

Museen in aller Welt bewahren in ihren Sammlungen oder Ausstellungen Skelette, Knochen, Zähne oder Modelle von Säbelzahnkatzen auf. Nachfolgend eine kleine Auswahl:

Argentinien
Das Bernardino Ribadavia-Museum in Buenos Aires zeigt ein komplettes Skelett der Dolchzahnkatze *Smilodon populator* aus dem späten Eiszeitalter.

Deutschland:
Das Hessische Landesmuseum Darmstadt besitzt Reste der Säbelzahnkatze *Machairodus aphanistus* und der Dolchzahnkatze *Paramachairodus ogygius* aus ca. zehn Millionen Jahre alten Ablagerungen des Ur-Rheins (Dinotheriensande) bei Eppelsheim in Rheinhessen.
Das Naturhistorische Museum Mainz bewahrt in seiner Sammlung drei Fossilien der Säbelzahnkatze *Homotherium crenatidens* aus den rund 600.000 Jahre alten Mosbach-Sanden von Wiesbaden auf.
Das Pfalzmuseum für Naturkunde in Bad Dürkheim zeigt den Schädel einer jugendlichen Säbelzahnkatze der Art *Homotherium crenatidens* aus der Spaltenfüllung Neuleiningen 11 bei Grünstadt aus dem Eiszeitalter vor etwa 500.000 Jahren.
Das Museum für Naturkunde Karlsruhe bewahrt Fossilien der Säbelzahnkatze *Homotherium crenatidens* aus Mauer bei Heidelberg auf.
Das Staatliche Museum für Naturkunde Stuttgart besitzt Fossilien der Säbelzahnkatze *Homotherium crenatidens* aus Mauer bei Heidelberg.

Die Forschungsstation für Quartärpaläontologie Weimar der Senckenbergischen Naturforschenden Gesellschaft bewahrt Fossilien von Säbelzahnkatzen *(Homotherium crenatidens)* und Dolchzahnkatzen *(Megantereon cultridens adroveri)* aus Untermaßfeld bei Meiningen auf. Sie stammen aus dem Eiszeitalter vor etwa einer Million Jahren.

England
Das Natural History Museum in London bewahrt Skelette verschiedener Raubkatzen auf.

Finnland
Das Zoological Museum in Helsinki zeigt ein Modell der Säbelzahnkatze *Homotherium* aus dem Eiszeitalter.

Frankreich
Das Departement of Earth Sciences der Université Claude Bernard in Lyon zeigt ein Skelett der Säbelzahnkatze *Homotherium* aus Senèze bei Brioude (Departement Haute-Loire) in Frankreich.
Das Museum of Natural History in Paris zeigt Schädelreste der Säbelzahnkatze *Homotherium crenatidens* aus Perrier und der Dolchzahnkatze *Megantereon cultridens* aus Perrier sowie ein Skelett der Dolchzahnkatze *Smilodon* aus Amerika.
Das „Musée de Paléontologie Christian Guth" von Chilhac in der Auvergne (Departement Haute-Loire) zeigt zwei Eckzähne der Dolchzahnkatze *Megantereon cultridens* aus Chilhac.

Irland
Das National Museum of Ireland in Dublin bewahrt den 1886 in Kessingland (Suffolk) entdeckten Unterkiefer einer Säbelzahnkatze auf, der als erster Fund der Gattung *Homotherium* aus England gilt. Dieses Fossil wurde im Dezember 1907 bei einer Auktion in London ersteigert.

Italien
Das Museum im Department of Earth Sciences der Universität von Florenz zeigt Fossilien von Raubkatzen aus dem Eiszeitalter.

Niederlande
Im Naturhistorischen Museum „Naturalis" in Leiden wird ein fragmentarisch erhaltenes Fersenbein der Säbelzahnkatze *Homotherium* aus der Oosterschelde (Flauwerspolder) aufbewahrt. Dieses Fossil wurde 1971 von einem niederländischen Muschelkutter geborgen.
Das Naturhistorische Museum Rotterdam präsentiert einen etwa 28.000 Jahre alten Unterkieferast der Säbelzahnkatze *Homotherium latidens* aus der Nordsee. Dabei handelt es sich um den geologisch jüngsten Fund einer Säbelzahnkatze in Europa. Dieses Fossil wurde im März 2000 entdeckt und ist ein Geschenk des Fossiliensammlers Klaas Post aus Urk.

Österreich
Das Naturhistorische Museum Wien zeigt die weltweit ersten Modelle der Dolchzahnkatze *Megantereon cultridens* aus Senèze in Frankreich.

Schweiz
Das Naturhistorische Museum Basel zeigt ein Skelett der Dolchzahnkatze *Megantereon cultridens* aus Senèze bei Brioude (Departement Haute-Loire) in Frankreich.

Spanien
Das Archaeological Museum in Banyoles bewahrt Schädel der Säbelzahnkatze *Homotherium* aus dem Eiszeitalter auf.
Das Museum of Natural Sciences in Madrid besitzt Skelette der Säbelzahnkatze *Machairodus* und der Dolchzahnkatze *Paramachairodus* aus dem Obermiozän.

Südafrika

Das South Africa Museum in Kapstadt bewahrt Fossilien von *Dinofelis* von Langebaanweg in Südafrika auf.

Das Transvaal Museum in Pretoria besitzt Schädel der „schrecklichen Katzen" *Dinofelis piveteaui* und *Dinofelis barlowi*.

USA

Das American Museum of Natural History in New York besitzt Skelette der Dolchzahnkatzen *Smilodon populator* und *Smilodon fatalis* sowie der Scheinsäbelzahnkatze *Hoplophoneus mentalis*.

Das National Museum of Natural History in Washington bewahrt Skelette der Scheinsäbelzahnkatze *Hoplophoneus* und der Dolchzahnkatze *Smilodon fatalis* auf.

Das George C. Page Museum in Los Angeles präsentiert Skelette der Dolchzahnkatze *Smilodon fatalis* von der Fundstelle Rancho La Brea aus dem Stadtgebiet von Los Angeles (Kalifornien).

Das Los Angeles Museum zeigt Skelette der Scheinsäbelzahnkatzen *Nimravus* und *Hoplophoneus*.

Das Texas Memorial Museum besitzt ein Skelett der Säbelzahnkatze *Homotherium serum* aus der Friesenhahn-Höhle bei San Antonio in Texas.

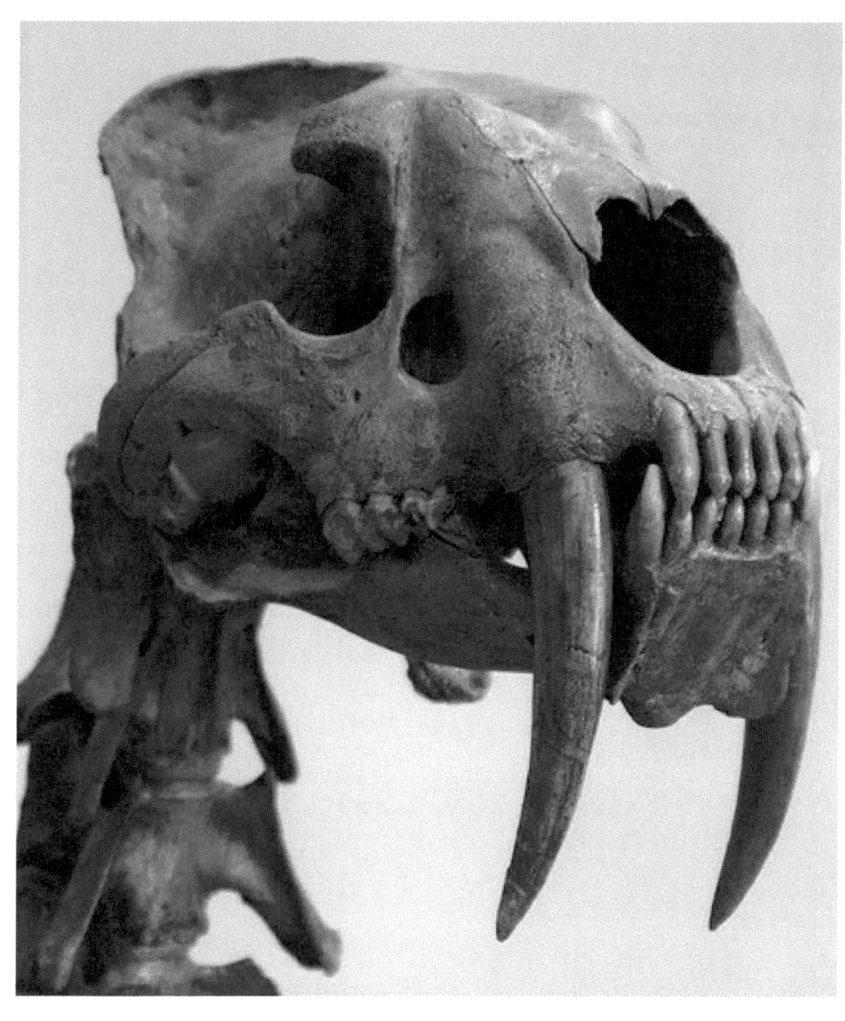

Schädel der Dolchzahnkatze Smilodon
aus dem Eiszeitalter mit langen Eckzähnen
im Natural History Museum in New York.
Funde von Smilodon kennt man
nur aus Nordamerika und Südamerika.

Wiesbadener Wissenschaftsautor
Ernst Probst

Der Autor

Ernst Probst, geboren am 20. Januar 1946 in Neunburg vorm Wald im bayerischen Regierungsbezirk Oberpfalz, ist Journalist und Buchautor. Er arbeitete von 1968 bis 1971 als Volontär und Redakteur bei den „Nürnberger Nachrichten", von 1971 bis 1973 in der Zentralredaktion des „Ring Nordbayerischer Tageszeitungen" in Bayreuth und von 1973 bis 2001 bei der „Allgemeinen Zeitung", Mainz. Von 2001 bis 2006 war er zunächst als Buchverleger und später auch als Fossilien- und Antiquitätenhändler aktiv.

In seiner Freizeit schrieb Ernst Probst vor allem populärwissenschaftliche Artikel für die „Frankfurter Allgemeine Zeitung", „Süddeutsche Zeitung", „Die Welt", „Frankfurter Rundschau", „Neue Zürcher Zeitung", „Tages-Anzeiger", Zürich, „Salzburger Nachrichten", „Oberösterreichische Nachrichten", Linz, „Die Zeit", „Rheinischer Merkur", „Deutsches Allgemeines Sonntagsblatt", „bild der wissenschaft", „kosmos", „Deutsche Presse-Agentur" (dpa), „Associated Press" (AP) und den „Deutschen Forschungsdienst" (df).

Aus der Feder von Ernst Probst stammen zahlreiche Beiträge der Buchreihe „Geschichten, die die Forschung schreibt" sowie die Bücher „Deutschland in der Urzeit" (1986), „Deutschland in der Steinzeit" (1991), „Rekorde der Urzeit" (1992), „Dinosaurier in Deutschland" (1993 zusammen mit Raymund Windolf) und „Deutschland in der Bronzezeit" (1996). Von 1986 bis 2011 veröffentlichte Ernst Probst mehr als 100 Bücher, Taschenbücher, Broschüren, Museumsführer und E-Books.

Literatur

ABEL, Othenio: Die vorzeitlichen Säugetiere, Jena 1914

ABEL, Othenio: Lebensbilder aus der Tierwelt der Vorzeit, Jena 1921

ANTÓN, Mauricio / MORALES, M. Jorge / TURNER, Alan: First known complete skulls of the scimitar-toothed cat *Machairodus aphanistus* (Felidae, Carnivora) from the Spanish Late Miocene site of Batallones 1. Journal of Vertebrate Paleontology, Vol. 24, Nr. 4, S. 957–969, Deerfield 2004

BACKHOUSE, James: On a mandible of *Machaerodus* from the Forest-bed. Quarterly Journal of the Geological Society, 42, S. 309–312, London 1886

BALLESIO, Roland: Monographie d'un *Machairodus* du gisement Villafranchien de Senèze: *Homotherium crenatidens* Fabrini. Traveaux du Laboratoire de Géologie de la Facultè de Lyon, N.S., no. 9, S. 1–129, Lyon 1963

BEAUMONT, Gerard de: Recherches sur les félidés (Mammifères, Carnivores) du pliocène inférieur des sables à Dinotherium des environs d'Eppelsheim (Rheinhessen). Archives des Sciences, 28 (3), S. 369–405, Genéve 1975

BEAUMONT, Gerard de: Note sur deux nouvelles dents de vore du Vallèsien des Sables à Dinotherium de Rheinhessen. Archives des Sciences, 40 (2), S. 225–229, Genéve 1987

BERTA, Annalisa / GALIANO, Henry: *Megantereon hesperus* from the late Hemphilian of Florida with remarks on the phylogenetic relationships of machairodonts (Mammalia, Felidae, Machairodontinae). Journal of Paleontology 57 (5), S. 892–899, Norman 1983

BOVARD, John Freeman: Notes on Quaternary Felidae from California. University of California Publication Bulletin of Department oft Geology 5, S. 155–170, Berkeley 1907

BRITTIJN, Bas: Scimitars of Ancient Greece. Museum Naturalis Leiden, S. 1–51, Leiden 2007

CHRISTIANSEN, Per / ADOLFSSEN, Jan S.: Osteology and ecology of *Megantereon cultridens* SE311 (Mammalia; Felidae; Machairodontinae), a sabrecat from the Late Pliocene – Early Pleiostocene oft Senèze, France. Zoological Journal of the Linnean Society, 151, S. 833–884, London 2007

COPE, Edward Drinker: On the extinct cats of America. Americn Naturalist 14, S. 833–858, Chicago 1880

COX, Barry / DIXON, Dougal / GARDINER, Brian / SAVAGE, R. J. G.: Dinosaurier und andere Tiere der Vorzeit, München 1989

CROOK, Harold J.: A Pliocene fauna from Yuma County, Colorado, with notes on the closely related Snake Creek beds from Nebraska. Proceedings of the Colorado Museum of Natural History, V. 4, No. 2, S. 3–30, Denver 1922

DAWKINS, William Boyd / SANFORD, William Ayshford: The British Pleistocene Mammalia: Part I–IV (Felidae). Palaeontographical Society, S. 1–194, London 1864–1871

DÖPPES, Doris / RABEDER, Gernot: Pliozäne und pleistozäne Faunen Österreichs. Ein Katalog der wichtigsten Fundstellen und ihrer Faunen (Endbericht des Forschungsberichtes Nr. 9320 des „Fonds zur Förderung der wissenschaftlichen Forschung") mit Beiträgen von Petra Cech, Doris Döppes, Thomas Einwögerer, Florian A. Fladerer, Christa Frank, Karl Mais, Doris Nagel, Marion Niederhuber, Martina Pacher, Rudolf Pavuza, Gernot Rabeder, Christian Reisinger, Harald Temmel, Gerhard Withalm. Mitteilungen der Kommission für Quartärforschung der Österreichischen Akademie der Wissenschaften, Band 10, Wien 1997

FABRINI, Emilio: 1. *Machairodus (Megantereon)* del Val d'Arno superiore. Estratto del Bolletino del R. Comitato Geolologico (3) 1, S. 121–144, 161–177, Rom 1890

FICCARELLI, Giovanni: The Villafranchian Machairodonts of Tuscany. Paleontographica Italica, vol. 71, S. 17–26, Pisa

1979
FRANZEN, Jens Lorenz / ROOS, Heiner / PROBST, Ernst: Das Dinotherium-Museum in Rheinhessen, Eppelsheim 2009
HARINGTON, Charles Richard: American scimitar cat. Beringia Research Notes 7, S. 1–4, Whitehorse 1996
HEIDTKE, Ulrich: Eine Großsäuger-Fauna aus dem älteren Pleistozän der Pfalz (Spaltenfüllung Neuleiningen 11). Mitteilungen der Pollichia, 67, S. 135–141, Bad Dürkheim 1979 Heft 7, S. 1–23, Erlangen 1953
HEIZMANN, Elmar P. / GINSBURG, Léonard / BULOT, Christian: *Prosansanosmilus peregrinus,* ein neuer Machairodontider Felide aus dem Miocän Deutschlands und Frankreichs. Stuttgarter Beiträge zur Naturkunde, Serie B, Nr. 58, 27, Stuttgart 1980
HEMMER, Helmut: Die Feliden aus dem Epivillafranchium von Untermaßfeld. Aus: KAHLKE, Ralf-Dietrich (Hrsg.): Das Pleistozän von Untermaßfeld bei Meiningen (Thüringen). Teil 3. Monographien des Römisch-Germanischen Zentralmuseums, 40/3, S. 699–782, Mainz 2001
HEMMER, Helmut: Pleistozäne Katzen Europas – eine Übersicht. Cranium, 20 (2), S. 6–22, Amsterdam 2004
HENDEY, Quinley Brett: The late Cenozoic Carnivora of the south-western Cape Province. Annals of the South African Museum, 63, S. 1-369, London 1974
HOOIJER, Dirk A.: The Sabre-toothed cat *Homotherium* found in the Nederlands. Lutra, 4, S. 24–26, Leiden 1962
JEFFERSON, George T. / TEJADA-FLORES, Antonia E.: The Late Pleistocene Record of *Homotherium* (Felidae: Machairodontinae) in the Southwestern United States. PaleoBios, Volum1 15, Number 3, S. 37–46, Berkeley, 24. Mai 1993
KAHLKE, Ralf-Dietrich (Hrsg.): Das Pleistozän von Untermaßfeld bei Meiningen (Thüringen). Teil 1. Monographien des Römisch-Germanischen Zentralmuseums, Mainz 1997
KAHLKE, Ralf-Dietrich (Hrsg.): Das Pleistozän von Unter-

maßfeld bei Meiningen (Thüringen). Teil 2. Monographien des Römisch-Germanischen Zentralmuseums, Mainz 2001
KAHLKE, Ralf-Dietrich (Hrsg.): Das Pleistozän von Unter-maßfeld bei Meiningen (Thüringen). Teil 3. Monographien des Römisch-Germanischen Zentralmuseums, Mainz 2001
KAHLKE, Ralf-Dietrich: Bedeutende Fossilvorkommen des Quartärs in Thüringen. Teil 5: Großsäugetiere. Aus: KAHLKE, Ralf-Dietrich / WUNDERLICH, Jürgen (Hrsg.): Tertiär und Quartär in Thüringen. Beiträge zur Geologie von Thüringen, Neue Folge 9, S. 207–232, Jena 2002
KAHLKE, Ralf-Dietrich: Late Early Pleistocene European large mammals and the concept of an Epivillafranchian biochron. Courier Forschungsinstitut Senkenberg 259, S. 265–278, Frankfurt am Main 2007
KAUP, Johann Jakob: Vier urweltliche Raubthiere, welche im zoologischen Museum zu Darmstadt aufbewahrt werden. Archiv für Mineralogie, Geognosie, Bergbau und Hüttenkun-de 5, S. 150-158, Berlin 1832
KAUP, Johann Jakob: Description d'Ossemens fossiles des Mammifères inconnus jusqu'à présent qui se trouvent au Muséum grand ducal de Darmstadt, 2 volumes, Darmstadt 1833
KAUP, Johann Jakob: Über *Machairodus cultridens* KAUP. Jahrbuch für Mineralogie, Geognosie, Geologie und Petre-faktenkunde, S. 270–272, Stuttgart 1859
KELLER, Thomas: Die eiszeitlichen Mosbach-Sande bei Wiesbaden. Paläontologische Denkmäler in Hessen 3, Wies-baden 1994
KITTL, Ernst: Beiträge zur Kenntnis der fossilen Säugetiere von Maragha in Persien. I. Carnivoren. Annalen des k. k. Naturhistorischen Hofsmuseums, Band II, S. 317–341, Wien 1887
KOENIGSWALD, Gustav Heinrich Ralph von: Fossil cats from the Tegelen clay. Publicaties van het Naturhistorisch Genoot-schap in Limburg, 12, S. 19–27, Limburg 1960

KOUFOS, George D.: The Villafranchian mammalian faunas and biochronolgy of Greece. Bolletino della Società Paleontologica Italiana 40 (2), S. 217–223, Modena 2001

LEIDY, Joseph: Notice of some vertebrates remains from Hardin County, Texas. Proceedings of Academy of Natural and Science of Philadelphia, S. 174–176, Philadelphia 1868

LEIDY, Joseph: Descriptions of Mammalian Remains from a Rock Crevice in Florida. Transactions of the Wagner Free Institute of Science II. S. 13–17, Philadelphia 1889

LUND, Peter Wilhelm: Blik paa Brasiliens Dyreverden för sidste jordomvaeltning. Fjeder Afhandling: Fortsaettelse af Pattedyrene. Lagoa Santa d. 30 Januar 1841, Kopenhagen 1842

MARTIN, Larry Dean / SCHULTZ. Charles Bertrand / SCHULTZ, Marion R.: Saber-toothed cat from the Plio-Pleistocene of Nebraska. Transactions of the Nebraska Academy of Sciences 16, S. 153–163, Omaha 1988

MARTIN, Larry Dean / BABIARZ, John P. / NAPLES, Virginia L. / HEARST, Jonena: Three ways To Be a Saber-Toothed Cat. Naturwissenschaften 87, S. 41–44, Berlin/Heidelberg 2000

MEADE, Grayon E.: The saber-toothed cat, *Dinobastis serus*. Bulletin of the Texas Memorial Museum, No. 2 (Part II), S. 23–60, Austin 1961

MEIN, Pierre: Report on activity RCMNS-Workgroups, 1971–1975, S. 78–81, Bratislava 1975

MERRIAM, John Campel / STOCK, Chester: The Felidae of Rancho La Brea. Carnegie Museum of Natural History Special Publication, 422, S. 1–321, Washington 1932

MOL, Dick: Bewijs komt van de bodem van de Noordzee. Sabaltandtijger leefde in Europa nog in het Laat-Pleistoceen. Straatgras 15 (1/2), S. 9–11, Rotterdam 2003

MOL, Dick: Het verwisselen van eigenaar van een onderkaak von een sabeltandkat aan het begin van de vorige eeuw en nu. Cranium 25, 1, Rotterdam 2008

MOL, Dick / LOGCHEM, Wilrie van / HOOIJDONK, Kees van, BAKKER, Remie: De Sabeltand Tijger uit de Nordzee, Norg 2007

MOL, Dick / LOGCHEM, Wilrie van: The saber-toothed cat of the North Sea. Deposits, Issue 16, Seite 28–30, Southwold 2008

MOL, Dick / LOGCHEM, Wilrie van / HOOIJDONK, Kees van / BAKKER, Remie: The Saber-Toothed Cat of the Nord sea, Norg 2008

MOL, Dick / LOGCHEM, Wilrie: Nieuw uit de Nordzee: de grote sabeltandkat *Homotherium crenatidens*. Straatgras 20 (4), S. 50–52, Rotterdam 2008

MORLO, Michael: Die Raubtiere (Mammalia, Carnivora) aus dem Turolium von Dorn-Dürkheim 1 (Rheinhessen). Teil 1: Mustelida, Hyaenidae, Percrocutidae, Felidae. Courier Forschungs-Institut Senckenberg 197, S. 11–47, Frankfurt am Main 1997

MORLO, Michael / PEIGNE, Stéphane / NAGEL, Doris: A new species of *Prosansanosmilus*: implications for the systematic relationships of the family Barbourofelidae new rank (Carnivora, Mammalia). Zoological Journal of the Linnean Society, 140, S. 43–61, London 2004

NEUBAUER, Christine: Säbelzahntiger und wie sie lebten. Seminararbeit im Rahmen der Lehrveranstaltung, Wien, 9. Februar 2007

ORLOV, Juri Aleskandrowitsch: Tertiäre Raubtiere des Westlichen Sibiriens. I. Machairodontinae. Travaux de l'Institut de Paléozoologie, Academie des Sciences d'URSS, 5, S. 111–152, Moskau–Leningrad 1936

OWEN, Richard: A history of British mammals and birds. S. 1–560 (S. 174–183), London 1846

PEIGNÉ, Stéphane / BONIS, Louis de / LIKIUS, Andossa / MACKAYE, Hassane Taisso / VIGNAUD, Patrick / BRUNET, Michel: A new machairodontine (Carnivora, Felidae) from the late Miocene hominid locality of TM 266,

Toros-Menalla, Tschad. Comptes Rendus de l'Académie des Sciencies, Paris, Vol. 4, S. 243–253, Paris 2005
PIA, Julia / SICKENBERG, Otto: Katalog der in den österreichischen Sammlungen befindlichen Säugetierreste des Jungtertiärs Österreichs und der Randgebiete, Wien 1934
PILGRIM, Guy Ellcock: The correlation of the Siwaliks with mammal horizons in Europe. Records of the Geological Survey of India 40, S. 63–71, Calcutta 1913
PILGRIM, Guy Ellcock: Catalogue of the Pontian Carnivora oft Europe in the Department of Geology. British Museum London, London 1931
PROBST, Ernst: Deutschland in der Urzeit, München 1986
PROBST, Ernst: Deutschland in der Steinzeit, München 1991
PROBST, Ernst: Rekorde der Urzeit, München 2008
PROBST, Ernst: Rekorde der Urmenschen, München 2008
PROBST, Ernst: Der Ur-Rhein. Rheinhessen vor zehn Millionen Jahren, München 2009
PROBST, Ernst: Höhlenlöwen. Raubkatzen im Eiszeitalter, München 2009
PROBST, Ernst: Säbelzahnkatzen. Von *Machairodus* bis zu *Smilodon*, München 2009
PROBST, Ernst: Säbelzahntiger am Ur-Rhein. *Machairodus* und *Paramachairodus*, München 2011
REUMER, Jelle W. F. / ROOK, Lorenzo / VAN DER BORG, Klaas / POST, Klaas / MOL, Dick / DE VOS, John de: Late Pleistocene survival of the Saber-Toothed Cat Homotherium in Northwestern Europe. Journal of Vertebrate Paleontology 23 (1), S. 260–262, Deerfield 2003
ROTH, Johannes / WAGNER, Andreas: Die fossilen Knochenüberreste von Pikermi in Griechenland. Abhandlungen der mathematisch-physikalischen Classe der Königlich Bayerischen Akademie der Wissenschaften, 7, S. 371–464, München 1854
RÜGER, Ludwig: *Machairodus latidens* Owen aus den altdiluvialen Sanden von Mauer a. d. Elsenz. Sitzungsberichte

der Heidelberger Akademie der Wissenschaften, Mathematisch-Naturwissenschaftliche Klasse, Berlin – Leipzig 1929

SABOL, Martin / HOLEC, Peter / Wagner, Jan: Late Pliocene Carnivores from Vceláre 2 (Southeastern Slovakia). Paleontological Journal, Vol. 42, No. 5, S. 531–543, Moskau 2008.

SALESIA, Manuel J. / ANTÒN, Mauricio / TURNER, Alan / MORALES, Jorge: Inferred behaviour and ecology of the primitive saber-toothed cat *Paramachairodus ogygia* (Felidae, Machairodontinae) from the Late Miocene of Spain. Journal of Zoology, 266, S. 243–254, London 2006

SCHAEFER, Hans: Die pontische Säugetierfauna von Charmoille (Jura bernois). Eclogae Geologicae Helvetiae 54, S. 559–565, Basel 1961

SCHAUB, Samuel: Ueber die Osteologie von *Machaerodus cultridens* Cuvier. Eclogae Geologicae Helvetiae, 19 (1), S. 255–266, Basel 1925

SCHLOSSER, Max: Die fossilen Säugetiere Chinas. Abhandlungen der Königlich Bayerischen Akademie der Wissenschaften, II. Klasse, Band XXII, München 1903

SCHMITTGEN, Otto: *Felis pardus* spec. L. aus dem Mosbacher Sand. Sonderdruck aus „Jahrbücher des Nassauischen Vereins für Naturkunde", Jahrgang 74, S. 51–58, München und Wiesbaden 1922

SCHÜTT, Gerda: Nachweis der Säbelzahnkatze *Homotherium* in den altpleistozänen Mosbacher Sanden (Wiesbaden, Hessen). Neues Jahrbuch für Geologie und Paläontologie. Monatshefte (3), S. 187–192, Stuttgart 1970

SENYÜREK, Muzaffer S.: A new species of *Epimachairodus* from Kücükyozgat. Türk Tarih Kurumu Belleten, 21 (81), S. 1–60, Ankara 1957

SOTNIKOVA, Marina V.: A new species from the late Miocene Kalmakpai locality in eastern Kazakhstan (USSR). Ann. Zool. Fennici 28, S. 361–369, Helsinki 1992

SOTNIKOVA, Marina V. / BAIGUHSHEVA, Vera S. / TITOV, Vadim Vladimirovich: Carnivores of the Khapry

Faunal Assemblage and Their Stratigraphic Implications. Stratigraphy and Geological Correlation, Vol. 10. No. 4, S. 375–390, Moskau 2002. Translated from Stratigrafiya, Geologicheskaya Korrelyatsiya, Vol. 10, No. 4, S. 62–78. Original Russian Text, 2002
SPINAR, Zdenek V.: Leben in der Urzeit, Hanau 1984
STORCH, GERHARD: 157. Säbelzahnkatzen. Aus: SCHÄFER, Wilhelm: Lerne im Museum. 182 Themen zur Naturgeschichte aus dem Senckenberg-Museum, Kleine Senckenberg-Reihe Nr. 5 der Senckenbergischen Naturfor-
TURNER, Alan / ANTÓN, Mauricio: The big cats and their fossil relatives, New York 1997
VAN HOOIJDONK, Kees: De vonst van de maand. De vondst van een calcaneum of hielbeen van een Pleistocene sabeltandtijger. Cranium 15 (2), S. 63–66, Rotterdam 1998
VAN HOOIJDONK, Kees: De sabeltandtijger *Homotherium latidens* in Nederland. De vonst van een niet alledaags fossiel, Grondboor & Hamer. Tweemaandelijks tijdschrift van de Nederlandse Geologische Verenigung 53 (6), S. 119–123, Maasstricht 1999
VAN HOOIJDONK, Kees: Europese vindplaatsen. Il était une fois ... Il y près de 2.000.000 d'annes à Chilhac. Cranium 19 (2), S. 164–167, Rotterdam 2002
VAN HOOIJDONK, Kees: Wetenswaardigheden over *Homotherium*. Was *Homotherium* zoolganger of teenganger? Cranium 20 (2), S. 23–30, Rotterdam 2003
VAN HOOIJDONK, Kees: De Sabeltandkatten *Homotherium* en *Megantereon* (Felidae, Carnivora) van de Plio-Pleistocene site van Senèze (Haute Loire, Fr.). Cranium 23 (2), S. 25–38, Rotterdam 2006
WERDELIN, Lars / SARDELLA, Raffaela: The „Homotherium" from Langebaanweg, South Africa and the origin of *Homotherium*. Palaeontographica, Abt. A., 277, S. 123–130, Stuttgart 2006
WERDELIN, Lars / LEWIS, Margaret E.: A revision of the

Genus *Dinofelis* (Mammalia, Felidae). Zoological Journal of the Linnean Society, Vo. 132, 1, S. 147–258, London 2001

WIEDENROTH, Horst Gustav / NAGEL, Doris / LÖDL, Martin: *Megantereon cultridens* – Eine Säbelzahnkatze nimmt Formen an. Der Präparator, 47 (3), S. 125–132, Göttingen 2002

WIKIPEDIA Freie Enzyklopädie http://wikipedia.org

WOLDRICH, Josef: První nálezy Machaerodu v jeskynním diluviin moravském a dolnorakouském. Rozpravy Ceské akademie císare Frantiska Josefa pro vedy, slovesnost a umení, trrída II., 25 (12): Praha 1916

WOLF, Josef: Menschen der Urzeit. Die Entwicklung des Lebens auf unserer Erde, Illustrationen von Zdenek Burian unter der Leitung von Prof. J. Augusta, D. V. Mazek, Prof. Z. Spinar, Dr. J. Wolf, Prag 1988

ZDANSKY, Otto: Jungtertiäre Carnivoren Chinas. Palaeontologica Sinica 2, S. 1–149, Peking 1924

Bildquellen

Tim Bartel: Hürth: 28 oben
Klaus Benz, Fotograf, Mainz-Laubenheim: 7 unten, 88
Rene Bleuanus, Bleudesign, Gorinchem: 6 oben, 11
Javier Cáceres, Madrid: 87
Gemeinde Eppelsheim / Förderverein Dinotherium-Museum e.V. Eppelsheim: (Gemälde und Zeichnungen von Pavel Major, Prag): 6 zweites Bild von unten, 12, 40, 46, 47 oben, 47 unten
Dr. Jens Lorenz Franzen, Titisee-Neustadt, ehrenamtlicher Mitarbeiter des Forschungsinstituts Senckenberg in Frankfurt am Main und des Naturhistorischen Museums Basel: 34, 37 oben, 38
Dipl.-Ing. Ansgar Hemm, Bad Wildungen: 36 unten
Hessisches Landesmuseum Darmstadt: 27, 28 unten
Ute Klenk-Kaufmann, Bürgermeisterin, Eppelsheim: 36 oben
MCZ Harvard: 16 oben
Professor Dr. Jorge Morales, Departamento de Palaeobiología, Museo Nacional de Ciencias Naturales-CSIC, Madrid: 30
Pixelio – Kostenlose Bilderdatenbank für lizenzfreie Bilder www.pixelio.de – Dieter Haugk: 48
Ernst Probst, Mainz-Kostheim: 37 unten, 39, 42, 44
Reproduktion aus: KITTL, Ernst: Beiträge zur Kenntnis der fossilen Säugetiere von Maragha in Persien, Wien 1887: 52
Reproduktion aus: MOL, Dick / LOGCHEM, Wilrie van / HOOIJDONK, Kees van / BAKKER, Remie: The Saber-Toothed Cat of the Nord Sea, Norg 2008: 69
Reproduktion aus: SOTNIKOVA, Marina V.: A new species of *Machairodus* from the late Miocene Kalmakpai locality in eastern Kazakhstan (USSR), Helsinki 1992: 67
Reproduktion aus: Tiere der Urwelt (Creatures of the Primitive World), Series 1 and 2. Illustrated by F. John, Printed

1902 and 1906(?), Germany: 6 zweites Bild von oben, 14 oben
Reproduktionen aus: ABEL, Othenio: Lebensbilder aus der Tierwelt der Vorzeit. Zweite erweiterte Auflage, Wien 1927: 18, 22
Reproduktionen von Gemälden von Charles Robert Knight: 14 unten
Shuhei Tamura, Kanagawa, Japan: 1, 16 unten, 20, 30, 57, 81
Kees van Hooijdonk, Rucphen, Niederlande: 6 unten, 62
Frank Wouters, Antwerpen, Belgien: 7 oben, 82

Bücher von Ernst Probst

Archaeopteryx
Der Urvogel aus Bayern

Das Dinotherium-Museum Eppelsheim
Führer durch die Ausstellung
(zusammen mit Dr. Jens Lorenz Franzen
und Heiner Roos)

Der Ur-Rhein
Rheinhessen vor zehn Millionen Jahren

Der Rhein-Elefant
Das Schreckenstier von Eppelsheim

Säbelzahnkatzen. Von Machairodus
bis zu Smilodon

Säbelzahntiger am Ur-Rhein
Machairodus und Paramachairodus

Höhlenlöwen
Raubkatzen im Eiszeitalter

Rekorde der Urzeit
Landschaften, Pflanzen und Tiere

Rekorde der Urmenschen
Erfindungen, Kunst und Religion

Monstern auf der Spur
Wie die Sagen über Drachen, Riesen
und Einhörner entstanden

Affenmenschen
Von Bigfoot bis zum Yeti

Seeungeheuer
Von Nessie bis zum Zuiyo-maru-Monster

Meine Worte sind wie die Sterne
Die Entstehung der Rede des Häuptlings Seattle
(zusammen mit Sonja Probst)

Die Bronzezeit

Die Aunjetitzer Kultur in Deutschland

Die Straubinger Kultur in Deutschland

Die Adlerberg-Kultur

Die nordische Bronzezeit in Deutschland

Die Hügelgräber-Kultur in Deutschland

Die Lüneburger Gruppe in der Bronzezeit

Die Stader Gruppe in der Bronzezeit

Die Urnenfelder-Kultur in Deutschland

Die Lausitzer Kultur in Deutschland

Superfrauen 1 – Geschichte

Superfrauen 2 – Religion

Superfrauen 3 – Politik

Superfrauen 4 – Wirtschaft und Verkehr

Superfrauen 5 – Wissenschaft

Superfrauen 6 – Medizin

Superfrauen 7 – Film und Theater

Superfrauen 8 – Literatur

Superfrauen 9 – Malerei und Fotografie

Superfrauen 10 – Musik und Tanz

Superfrauen 11 – Feminismus und Familie

Superfrauen 12 – Sport

Superfrauen 13 – Mode und Kosmetik

Superfrauen 14 – Medien und Astrologie

Superfrauen aus dem Wilden Westen

Königinnen der Lüfte in Deutschland

Königinnen der Lüfte in Frankreich

Königinnen der Lüfte in England,
Australien und Neuseeland

Königinnen der Lüfte in Europa

Königinnen der Lüfte in Amerika

Königinnen der Lüfte von A bis Z

Frauen im Weltall

Königinnen des Tanzes

Julchen Blasius
Die Räuberbraut des Schinderhannes

Der Schwarze Peter
Ein Räuber im Hunsrück und Odenwald

Hildegard von Bingen
Die deutsche Prophetin

Elisabeth I. Tudor
Die jungfräuliche Königin

Maria Stuart
Schottlands tragische Königin

Machbuba. Die Sklavin
und der Fürst

Christl-Marie Schultes
Die erste Fliegerin in Bayern

Taschenbücher von Doris Probst

Weisheiten und Torheiten über das Alter

Weisheiten und Torheiten über die Arbeit

Weisheiten und Torheiten über die Ehe

Weisheiten und Torheiten über Frauen

Weisheiten und Torheiten über Männer

Weisheiten und Torheiten über Mütter

Weisheiten und Torheiten über Kinder

Weisheiten und Torheiten über die Liebe

Der Ball ist ein Sauhund
Weisheiten und Torheiten über Fußball

Worte sind wie Waffen
Weisheiten und Torheiten über die Medien

Adlerschrei und Zitronenfalter
Gedichte über Tiere

*

Bestellungen bei: www.grin.com